普通高等教育"十三五"规划教材

高职高专专业基础课教材系列

化工产品分析与检测

韩德红　主编

科学出版社

北　京

内 容 简 介

本书采用工作过程系统化的模式编写,在基础知识中包含实验室管理、常用试剂、常用仪器、定量分析基础等。在学习情境内容中精心选择典型化工产品分析与检测分析工作过程,化工产品按照由易到难的顺序,包括无腐蚀性产品、轻微腐蚀性产品、强腐蚀性产品的分析检测五个情境技能训练内容,同时将分析化学和仪器分析基本原理贯穿于四个情境的学习中,具有实用性和可操作性,涵盖了较为广泛的化工产品领域的分析方法。

本书可作为高职高专化工商检技术、化工分析等专业的教材,也可供从事分析、化验、商检等工作的技术人员参考。

图书在版编目(CIP)数据

化工产品分析与检测/韩德红主编. —北京:科学出版社,2012
　(普通高等教育"十三五"规划教材·高职高专专业基础课教材系列)
　ISBN 978-7-03-034134-1

　Ⅰ.①化⋯　Ⅱ.①韩⋯　Ⅲ.①化工产品-分析-高等职业教育-教材②化工产品-检测-高等职业教育-教材　Ⅳ.①TQ075

中国版本图书馆 CIP 数据核字(2012)第 079690 号

责任编辑:沈力匀 / 责任校对:耿　耘
责任印制:吕春珉 / 封面设计:耕者设计工作室

科　学　出　版　社 出版
北京东黄城根北街 16 号
邮政编码:100717
http://www.sciencep.com
天津翔远印刷有限公司印刷

科学出版社发行　　各地新华书店经销

*

2012 年 6 月第 一 版　　开本:787×1092 1/16
2018 年 8 月第二次印刷　　印张:10 1/2
字数:250 000
定价:32.00 元
(如有印装质量问题,我社负责调换〈翔远〉)
销售部电话 010-62140850　编辑部电话 010-62135235(VP04)

前　言

随着高等职业教育的不断深入和发展,教学内容和课程体系都随之发生了较大的变化,为了适应高等职业教育的培养目标我们编写了《化工产品分析与检测》一书。

本书是根据化工类专业课程教学改革的要求组织编写的,突出职业教育的学做一体化,本着深入浅出的指导思想,精心选择典型化工产品分析的工作过程,充分挖掘化学分析在工业分析中的典型应用,把分析化学的理论和实践有机融合在一起,强化分析检测技能的提高,具有实用性和可操作性。

本书主要有如下特点:

1. 突出高职特色

高等职业教育培养的学生是应用型人才,因而《化工产品分析与检测》的编写注重培养学生的实践能力,基础理论贯穿“实用为主、必需和够用为度”的原则,基本知识采用“广而不深”的方针,基本技能贯穿于教学的始终。

2. 教学内容采用工作过程系统化的模式

现代社会许多岗位需要的能力是综合性的,职业技术岗位又是高度专门化的,本书采用工作过程系统化的模式,改变了通常的教材章节段落,结合企业生产分成若干个产品分析检测任务的组合方式,便于教师对学生进行行为导向的教学,引导学生完成一个个产品的分析检测任务,解决各种具体问题,同时便于学生了解分析检测的过程思路与方法,将相关知识合理连接,将基础理论融入大量的分析检测任务中,体现学生“学中做、做中学”的学习方法,使学生在完成工作任务的同时将理论知识消化,理解所学的理论和技能与将来所从事职业的关系,在解决一个又一个实际产品的分析检测任务中得到知识的提升、综合能力的增强。

本书编写的内容由以下三部分组成:第一部分化工产品分析与检测基础知识,包含实验室管理、分析与检测用试剂、分析与检测常用仪器、化工产品定量分析基本知识五个内容;第二部分学习情境,包含了无腐蚀性产品的分析检测(工业用水、原盐)、轻微腐蚀性产品的分析检测(纯碱)、强腐蚀性产品的分析检测(烧碱、双氧水);第三部分附录,包含常见元素的相对原子质量表、常用洗涤剂的配制、常用指示剂的配制等。

本书由山东科技职业学院韩德红主编,山东科技职业学院王崇妍、潍坊科技学院崔鑫副主编。山东科技职业学院卜雪峰、任庚清、辛策花,潍坊职业学院赵殿英,滨州职业学院赵晓华,宜兴技师学院卢益中等参加了编写,全书由韩德红通稿。

本书的编写和出版得到科学出版社的大力支持,在此致以衷心的感谢!

由于“教学做一体化”改革仍然在探索中,并且作者水平有限,编写时间紧,难免有疏漏和不妥之处,敬请读者批评指正。

目　录

第一部分　化工产品分析与检测基础知识

基本知识一　实验室管理

一、实验室规则

分析化学是一门实践性很强的学科。学习分析化学实验课,不但能够掌握规范的分析化学实验的基本操作技能,培养严格、认真、实事求是的工作态度和从事科学实验的正确思路和方法,提高分析和解决实际问题的能力,同时也能加强对分析化学基础理论的理解。为了达到上述目的,应该做到以下几点:

(1) 实验课前必须认真预习,明确实验目的,领会实验原理,熟悉实验内容和实验步骤,写好实验预习报告,对将要进行的实验做到心中有数。

(2) 实验时,保持实验室安静,严格遵守操作规程。但切忌机械地"照方抓药",应积极思考每一步操作的目的和作用,认真观察实验现象,发现异常情况时,应探究其原因并找出解决的办法。

(3) 对不熟悉的仪器和设备,应仔细阅读使用说明,听从教师指导,切不可随意动手,以防仪器损坏或事故发生。实验台应始终保持清洁有序,节约试剂,不乱扔废弃物,以免阻塞管道。

(4) 实验原始数据是得出实验结论的唯一依据。从学生时代起,就应养成良好的职业习惯,认真、忠实地做好原始数据记录、实验现象记录。所有原始数据都应边实验、边准确地记录在专用的实验记录本上,而不要待实验结束后补记。也不要将原始数据记录在草稿本或其他地方。不能凭主观意愿删去自己不喜欢的数据,更不能随意更改数据。若记错了,在错的数据上轻轻划一道横线,再将正确的记在旁边。数据记录本应预先编好页码,不得撕毁其中的任何一页。

(5) 实验完毕,认真书写实验报告,回答思考题,认真总结做好实验的要领、存在的问题及进行误差分析。

(6) 结束实验后,将玻璃器皿洗刷干净,仪器复原,并填写登记卡。清洁实验台,清扫实验室,最后检查门、窗、水、电、煤气等是否关闭,方能离开实验室。

二、实验室安全知识

1. 实验室安全规则

在分析化学实验中,会经常使用腐蚀性的、易燃、易爆炸的或有毒的化学试剂;大量使用易损的玻璃仪器和某些精密分析仪器;使用煤气、水电等。为确保实验的正常进行和人身安全,必须严格遵守实验室的安全规则。

（1）必须熟悉实验室及其周围环境和水闸、电闸、灭火器的位置。

（2）使用电器设备时,不能用湿的手去开启电闸,以防触电。

（3）一切有毒、有气味的气体的实验,都应在通风橱内进行。使用浓的 HNO_3、HCl、H_2SO_4、$HClO_4$、氨水时,均应在通风橱中操作,绝不允许在实验室加热。

（4）不能用手直接拿取试剂,要用药勺或指定的容器取用。取用一些强腐蚀性的试剂,如氢氟酸、溴水等,必须戴上橡皮手套。

（5）对易燃物(如酒精、丙酮、乙醚等)、易爆物(如氯酸钾),使用时要远离火源,用完后应及时加盖存放在阴凉通风处。低沸点的有机溶剂应在水浴上加热。

（6）热、浓的 $HClO_4$,遇有机物常易发生爆炸。如果试样为有机物时,应先用浓硝酸加热,使之与有机物发生反应,有机物被破坏后,再加入 $HClO_4$。蒸发 $HClO_4$ 所产生的烟雾易在通风橱中凝聚,经常使用 $HClO_4$ 的通风橱应定期用水冲洗,以免 $HClO_4$ 液的凝聚物与尘埃、有机物作用,引起燃烧或爆炸,造成事故。

（7）汞盐、砷化物、氰化物等剧毒物品,使用时应特别小心。氰化物不能接触酸,因作用时产生 HCN(剧毒!)。氰化物废液应倒入碱性亚铁盐溶液中,使其转化为亚铁氰化铁盐类,然后作废液处理。严禁直接倒入下水道或废液缸中。

（8）实验室内严禁饮食、吸烟,一切化学药品严禁入口。实验完毕后,需认真洗手。

2. 实验室意外事故的正确处置方法

实验时若有事故发生,应沉着、冷静,正确应对。实验室意外事故的处理方法见表 1-1。

表 1-1　实验室意外事故的处理方法

事　故	正确处置方法
受强酸腐伤	先用大量水冲洗,然后擦上碳酸氢钠油膏
氢氟酸腐伤	迅速用水冲洗,再用 5%苏打溶液冲洗,然后浸泡在冰冷的饱和硫酸镁溶液中 0.5h,最后敷以硫酸镁 26%、氧化镁 6%、甘油 18%、水和盐酸普卢卡因 1.2%配成的药膏(或甘油和氧化镁质量比为 2∶1 的悬浮剂涂抹,用消毒纱布包扎)
强碱腐伤	立即用大量水冲洗,然后用 1%柠檬酸或硼酸溶液洗
磷烧伤	用 1%硫酸铜、1%硝酸银或浓高锰酸钾溶液处理伤口后,送医院治疗
吸入溴、氯等有毒气体	吸入少量酒精和乙醚的混合蒸气以解毒,同时应到室外呼吸新鲜空气
汞泄漏	立即用滴管或毛笔尽可能将汞拾起,然后用锌皮接触使成合金而消除之,最后撒上硫磺粉,使汞与硫反应,生成不挥发的硫化汞
触电事故	立即拉开电闸,截断电源,尽快地利用绝缘物(干木棒,竹杆)将触电者与电源隔离
火灾	酒精及其他可溶于水的液体着火,可用水灭火;汽油、乙醚等有机溶剂着火时,用沙土扑灭;导线或电器着火时,首先切断电源,用 CCl_4 灭火器灭火

以上事故如果严重,应立即送医院医治。

基本知识二　分析与检测用试剂

一、化学试剂的级别和使用

试剂的纯度对分析结果准确度的影响很大，不同的分析工作对试剂纯度的要求也不相同。因此，必须了解试剂的分类标准，以便正确使用试剂。

根据化学试剂中所含杂质的多少，将实验室普遍使用的一般试剂划分为四个等级，具体的名称、标志和主要用途见表 1-2。

表 1-2　化学试剂的级别和主要用途

级　别	中文名称	英文标志	标签颜色	主要用途
一级	优级纯	GR	绿	精密分析实验
二级	分析纯	AR	红	一般分析实验
三级	化学纯	CP	蓝	一般化学实验
生物化学试剂	生化试剂、生物染色剂	BR	黄色	生物化学及医化学实验

此外，还有基准试剂、色谱纯试剂、光谱纯试剂等。基准试剂的纯度相当或高于优级纯试剂。色谱纯试剂是在最高灵敏度下以 10^{-10} g 无杂质峰来表示的。光谱纯试剂专门用于光谱分析，它是以光谱分析时出现的干扰谱线的数目及强度来衡量的，即杂质含量用光谱分析法已测不出或其杂质含量低于某一限度。

高纯试剂和基准试剂的价格要比一般试剂高数倍乃至数十倍。因此，应根据分析工作的具体情况进行选择，不要盲目地追求高纯度。关于基准试剂的应用，以后的学习中要专门讲解，这里仅指出试剂选用的一般原则：

（1）滴定分析常用的标准溶液，一般应选用分析纯试剂配制，再用基准试剂进行标定。某些情况下（例如对分析结果要求不很高的实验），也可以用优级纯或分析纯试剂代替基准试剂。滴定分析中所用其他试剂一般为分析纯。

（2）仪器分析实验一般使用优级纯或专用试剂，测定微量或超微量成分时应选用高纯试剂。

（3）某些试剂从主体含量看，优级纯与分析纯相同或很接近，只是杂质含量不同。若所做实验对试剂杂质要求高，应选择优级纯试剂；若只对主体含量要求高，则选用分析纯试剂。

（4）按规定，试剂的标签上应标明试剂名称、化学式、摩尔质量、级别、技术规格、产品标准号、生产许可证号、生产批号、厂名等，危险品和毒品还应给出相应的标志。若上述标记不全，应提出质疑。

当所购试剂的纯度不能满足实验要求时，应将试剂提纯后再使用。

（5）指示剂的纯度往往不太明确，除少数标明"分析纯"、"试剂四级"外，经常只写明"化学试剂"、"企业标准"或"部颁暂行标准"等。常用的有机试剂也常等级不明，一般只可作"化学纯"试剂使用，必要时进行提纯。

二、试剂的保管和取用

试剂保管不善或取用不当，极易变质和玷污。这在分析化学实验中往往是引起误差甚至造成失败的主要原因之一。因此，必须按一定的要求保管和取用试剂。

（1）使用前，要认清标签；取用时，不可将瓶盖随意乱放，应将瓶盖反放在干净的地方。固体试剂应用干净的药匙取用，用毕立即将药匙洗净，晾干备用。液体试剂一般用量筒取用。倒试剂时，标签朝上，不要将试剂泼撒在外，多余的试剂不应倒回试剂瓶内，取完试剂随手将瓶盖盖好，切不可"张冠李戴"，以防玷污。

（2）装盛试剂的试剂瓶都应贴上标签，写明试剂的名称、规格、日期等，不可在试剂瓶中装入与标签不符的试剂，以免造成差错。标签脱落的试剂，在未查明前不可使用。标签要用碳素墨水书写或打印，以保存字迹长久，并贴在试剂瓶的 2/3 处，以使整齐美观。

（3）使用标准溶液前，应把试剂充分摇匀。

（4）易腐蚀玻璃的试剂，如氟化物、苛性碱等，应保存在塑料瓶或涂有石蜡的玻璃瓶中。

（5）易氧化的试剂（如氯化亚锡、低价铁盐）、易风化或潮解的试剂（如 $AlCl_3$、无水 Na_2CO_3、$NaOH$ 等），应用石蜡密封瓶口。

（6）易受光分解的试剂，如 $KMnO_4$、$AgNO_3$ 等，应用棕色瓶盛装，并保存在暗处。

（7）易受热分解的试剂、低沸点的液体和易挥发的试剂，应保存在阴凉处。

（8）剧毒试剂如氰化物、三氧化二砷、二氯化汞等，必须特别妥善保管和安全使用。

基本知识三　分析与检测常用仪器

一、常用玻璃器皿的洗涤与干燥

1. 器皿的洗涤

分析化学实验中要求使用洁净的器皿,因此,在使用前必须将器皿充分洗净。常用的洗涤方法有:

(1) 刷洗。用水和毛刷洗涤除去器皿上的污渍和其他不溶性的和可溶性的杂质。

(2) 用肥皂、合成洗涤剂洗涤。洗涤时先将器皿用水湿润,再用毛刷沾少量洗涤剂,将仪器内外洗刷一遍,然后用水边冲边刷洗,直至洗净为止。

(3) 用铬酸洗液(简称洗液)洗涤。洗液的配制:将 8g 重铬酸钾用少量水润湿,慢慢加入 180mL 浓硫酸,搅拌以加速溶解。冷却后储存于磨口试剂瓶中。将被洗涤器皿尽量保持干燥,倒少许洗液于器皿中,转动器皿使其内壁被洗液浸润(必要时可用洗液浸泡),然后将洗液倒回原瓶内以备再用(若洗液的颜色变绿,则另做处理)。再用水冲洗器皿内残留的洗液,直至洗净为止。如用热的洗涤液洗涤,则去污能力更强。

洗液主要用于洗涤被无机物玷污的器皿,它对有机物和油污的去污能力也较强,常用来洗涤一些口小、管细等形状的器皿,如吸量管、容量瓶等。

洗液具有强酸性、强氧化性,对衣服、皮肤、桌面、橡皮等有腐蚀作用,使用时要特别小心。另外六价铬对人体有害,污染环境,应尽量少用。六价铬易还原成绿色铬酸洗液,可以加入固体 $KMnO_4$ 使其再生。这样,实际消耗的是 $KMnO_4$,可以减少六价铬对环境的污染。

(4) 盐酸-乙醇洗液。将化学纯的盐酸和乙醇,按照 1:2 的体积比混合,此洗液主要用于洗涤被染色的吸收池、比色管、吸量管等。

不论上述哪种方法洗涤器皿,最后都必须用自来水冲洗,再用蒸馏水或去离子水荡洗 3 次,洗净的器皿,放去水后内壁应留下均匀一薄层水,如壁上挂着水珠,说明没有洗净,必须重洗。

2. 器皿的干燥

可在不加热的情况下干燥器皿:将洗净的器皿倒置于干净的实验柜内或容器架上自然晾干;或用吹气机将器皿吹干;还可以在器皿内加入少量酒精,再将其倾斜转动,壁上的水即与酒精混合,然后倾出酒精和水,留在器皿内的酒精快速挥发,而使器皿干燥。

也可以用加热的方法干燥器皿:洗净的玻璃器皿可以放入恒温箱内烘干,应平放或器皿口向下放;烧杯或蒸发皿可在石棉网上用火烤干。有刻度的量器不能用加热的方法干燥,加热会影响这些容器的精密度,还可能造成破裂。

二、化学分析基本操作

1. 移液管

移液管是用于准确移取一定体积溶液的量出式玻璃量器,正规名称是"单标线吸量管",习惯称为移液管。它的中间有一膨大部分,管颈上部刻有一标线,用来控制所吸取溶液的体积。移液管的容积单位为毫升(mL),其容量为在 20℃时按规定方式排空后所流出纯水的体积。

移液管的正确使用方法如下:

(1) 用铬酸洗液将其洗净,使其内壁及下端的外壁均不挂水珠。用滤纸片将流液口内外残留的水擦掉。

(2) 移取溶液之前,先用欲移取的溶液涮洗 3 次。方法是:用洗净并烘干的小烧杯倒出一部分欲移取的溶液,用移液管吸取溶液 5～10mL,立即用右手食指按住管口(尽量勿使溶液回流,以免稀释),将管横过来,用两手的拇指及食指分别拿住移液管的两端,转动移液管并使溶液布满全管内壁,当溶液流至距上口 2～3cm 时,将管直立,使溶液由尖嘴(流液口)放出,弃去。

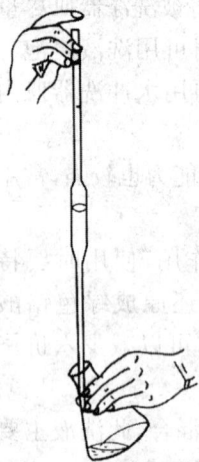

图 1-1　移液管的操作

(3) 用移液管自容量瓶中移取溶液时,右手拇指及中指拿住管颈刻线以上的地方(后面二指依次靠拢中指),将移液管插入容量瓶内液面以下 1～2cm 深度。不要插入太深,以免外壁沾带溶液过多;也不要插入太浅,以免液面下降时吸空。左手拿吸耳球,排除空气后紧按在移液管口上,借吸力使液面慢慢上升,移液管应随容量瓶中液面下降而下降。当管中液面上升至刻线以上时,迅速用食指堵住管口(食指最好是潮而不湿),用滤纸擦去管尖外部的溶液,将移液管的流液口靠着容量瓶颈的内壁,左手拿着容量瓶,并使其倾斜约 30°。稍松手指,用拇指及中指轻轻捻转管身,使液面缓缓下降,直至调定零点。按紧食指,使溶液不再流出,将移液管移入准备接受溶液的容器中,仍使其流液口接触倾斜的器壁。松开食指,使溶液自由地沿器壁流下,待下降的液面静止后,再等待 15s,然后拿出移液管(图 1-1)。

注意:在调整零点和排放溶液过程中,移液管都要保持垂直,其流液口要接触倾斜的器壁(不可接触下面的溶液)并保持不动;等待 15s 后,流液口内残留的一点溶液绝对不可用外力使其被震出或吹出;移液管用完应放在管架上,不要随便放在实验台上,尤其要防止管颈下端被玷污。

2. 吸量管

吸量管的全称是"分度吸量管",它是带有分度的量出式量器,用于移取非固定量的溶液。

吸量管的使用方法与移液管大致相同,这里只强调三点:

(1) 由于吸量管的容量精度低于移液管,所以在移取 2mL 以上固定量溶液时,应尽可能使用移液管。

（2）使用吸量管时,尽量在最高标线调整零点。

（3）吸量管的种类较多,要根据所做实验的具体情况,合理地选用吸量管。但由于种种原因,目前市场上的产品不一定都符合标准,有些产品标志不全,有的产品质量不合格,使得用户无法分辨其类型和级别,如果实验精度要求很高,最好经容量校准后再使用。

3. 滴定管

滴定管是可放出不固定量液体的量出式玻璃量器,主要用于滴定分析中对滴定剂体积的测量。

滴定管大致有以下几种类型:普通的具塞和无塞滴定管、三通活塞自动定零位滴定管、侧边活塞自动定零位滴定管、侧边三通活塞自动定零位滴定管等。滴定管的全容量最小的为1mL,最大的为100mL,常用的是10mL、25mL、50mL容量的滴定管。国家规定的容量允差和水的流出时间列于表1-3。

表1-3　常用滴定管

标称总容量/mL		5	10	25	50	100
分度值/mL		0.02	0.05	0.1	0.1	0.2
容量允差/mL	A	±0.010	±0.025	±0.04	±0.05	±0.10
	B	±0.020	±0.050	±0.08	±0.10	±0.20
水的流出时间/s	A	30～45		45～70	60～90	70～100
	B	20～45		35～70	50～90	60～100
等待时间/s		30				

自动定零位滴定管(图1-2)是将储液瓶与具塞滴定管通过磨口塞连接在一起的滴定装置,加液方便,可自动调零点,适用于常规分析中的经常性滴定操作。使用时用打气球向储液瓶内加压,使瓶中的标准溶液压入滴定管中,滴定管顶端熔接了一个回液尖嘴,使零线以上的溶液自动流回储液瓶而调定零点。这种滴定管结构比较复杂,清洗和更换溶液都比较麻烦,价格较贵,因此并不普遍使用。在教学和科研中广泛使用的是普通滴定管(图1-3),在此主要对其进行介绍。

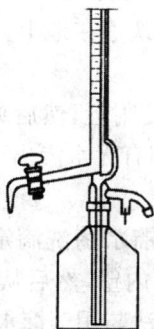

图1-2　侧边活塞自动
定零位滴定管图

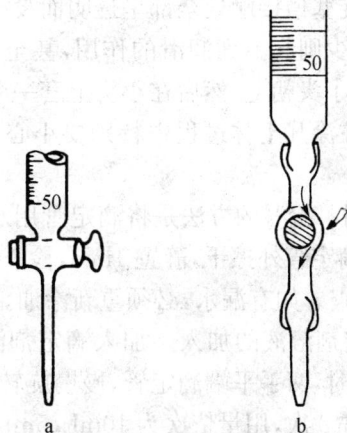

图1-3　普通滴定管
a. 酸式;b. 碱式

1) 滴定管的准备

新拿到一支滴定管,用前应先做一些初步检查,如酸式管旋塞是否匹配,碱式管的乳胶管孔径与玻璃球大小是否合适,乳胶管是否有孔洞、裂纹和硬化,滴定管是否完好无损等。初步检查合格后,进行下列准备工作(图 1-4)。

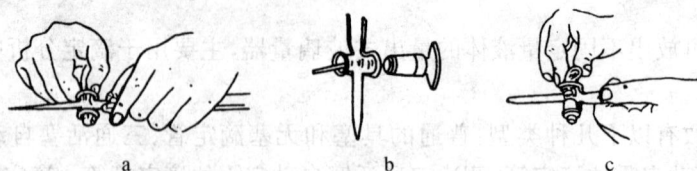

图 1-4　滴定管准备
a. 旋塞槽的擦法;b. 旋塞涂油法;c. 旋塞的旋转法

(1) 洗涤。滴定管可用自来水冲洗或用细长的刷子蘸洗衣粉液洗刷,但不能用去污粉。去污粉的细颗粒很容易黏附在管壁上,不易清洗除去。也不要用铁丝做的毛刷刷洗,因为容易划伤器壁,引起容量的变化,并且划伤的表面更易藏污垢。如果经过刷洗后内壁仍有油脂(主要来自于旋塞润滑剂)或其他能用铬酸洗液洗去的污垢,可用铬酸洗液荡洗或浸泡。对于酸式滴定管,可直接在管中加入洗液浸泡,而碱式滴定管则要先拔去乳胶管,换上一小段塞有短玻璃棒的橡皮管,然后用洗液浸泡。总之,为了尽快而方便地洗净滴定管,可根据脏物的性质、弄脏的程度,选择合适的洗涤剂和洗涤方法。无论用哪种方法洗,最后都要用自来水充分洗涤,继而用蒸馏水荡洗 3 次。洗净的滴定管在水流去后内壁应均匀地润上一薄层水膜,若管壁上还挂有水珠,说明未洗净,必须重洗。

(2) 涂凡士林。使用酸式滴定管时,为使旋塞旋转灵活而又不致漏水,一般需将旋塞涂一薄层凡士林。其方法是将滴定管平放在实验台上,取下旋塞芯,用吸水纸将旋塞芯和旋塞槽内擦干。然后分别在旋塞的大头表面上和旋塞槽小口内壁沿圆周均匀地涂一层薄薄的凡士林(也可将凡士林用同法涂在旋塞芯的两头),在旋塞孔的两侧,小心地涂上一细薄层,以免堵塞旋塞孔。将涂好凡士林的旋塞芯插进旋塞槽内,向同一方向旋转旋塞,直到旋塞芯与旋塞槽接触处全部呈透明而没有纹路为止。涂凡士林要适量,过多可能会堵塞旋塞孔;过少则起不到润滑的作用,甚至造成漏水。把装好旋塞的滴定管平放在桌面上,让旋塞的小头朝上,然后在小头上套一个小橡皮圈(可以从橡皮管上剪下一小圈)以防旋塞脱落。在涂凡士林过程中特别要小心,切莫让旋塞芯跌落在地上,造成整支滴定管报废。

(3) 检漏。检漏的方法是将滴定管用水充满至"0"刻度附近,然后夹在滴定管夹上,用吸水纸将滴定管外擦干,静置 1min,检查管尖或旋塞周围有无水渗出,然后将旋塞转动 180°,重新检查。如有漏水,必须重新涂油。

(4) 滴定剂溶液的加入。加入滴定剂溶液前,先用蒸馏水荡洗滴定管 3 次,每次约 10mL。荡洗时,两手平端滴定管,慢慢旋转,让水遍及全管内壁,然后从两端放出。再用待装溶液荡洗 3 次,用量依次为 10mL、5mL、5mL。荡洗方法与用蒸馏水荡洗时相同。荡洗完毕,装入滴定液至"0"刻度以上,检查旋塞附近(或橡皮管内)及管端有无气泡。如有气泡,应将其排出。排出气泡时,对酸式滴定管是用右手拿住滴定管使它倾斜约 30°,左手迅速打开旋塞,使溶液冲下将气泡赶掉;对碱式滴定管可将橡皮管向上弯曲,捏住玻璃珠的右上方,气泡即被溶液压出,如图1-5所示。

2) 滴定管的操作方法

滴定管应垂直地夹在滴定管架上。使用酸式滴定管滴定时,左手无名指和小指弯向手心,用其余三指控制旋塞旋转(图1-6)。不要将旋塞向外顶,也不要太向里紧扣,以免使旋塞转动不灵。

使用碱式滴定管时,左手无名指和中指夹住尖嘴,拇指与食指向侧面挤压玻璃珠所在部位稍上处的乳胶管(图1-7),使溶液从缝隙处流出。但要注意不能使玻璃珠上下移动,更不能捏玻璃珠下部的乳胶管。

无论用哪种滴定管,都必须掌握三种加液方法:①逐滴滴加;②加1滴;③加半滴。

3) 滴定方法

滴定操作一般在锥形瓶内进行(图1-6和图1-7)。

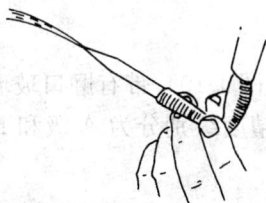

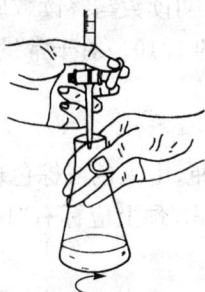

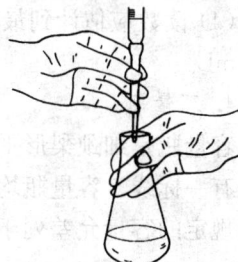

图1-5　碱式滴定管中气泡的赶出　　图1-6　酸式滴定管的操作　　图1-7　碱式滴定管的操作

在锥形瓶中进行滴定时,右手前三指拿住瓶颈,瓶底离瓷板约2~3cm。将滴定管下端伸入瓶口约1cm。左手如前述方法操作滴定管,边摇动锥形瓶,边滴加溶液。滴定时应注意以下七点:

(1) 摇瓶时,转动腕关节,使溶液向同一方向旋转(左旋、右旋均可),但勿使瓶口接触滴定管出口尖嘴。

(2) 滴定时,左手不能离开旋塞任其自流。

(3) 眼睛应注意观察溶液颜色的变化,而不要注视滴定管的液面。

(4) 溶液应逐滴滴加,不要流成直线。接近终点时,应每加1滴,摇几下,直至加半滴使溶液出现明显的颜色变化。加半滴溶液的方法是先使溶液悬挂在出口尖嘴上,以锥形瓶口内壁接触液滴,再用少量蒸馏水吹洗瓶壁。

(5) 用碱式滴定管滴加半滴溶液时,应放开食指与拇指,使悬挂的半滴溶液靠入瓶口内,再放开无名指与中指。

(6) 每次滴定应从"0"刻度开始。

(7) 滴定结束后,弃去滴定管内剩余的溶液,随即洗净滴定管,并用水充满滴定管,以备下次再用。

若在烧杯中进行滴定,烧杯应放在白瓷板上,将滴定管出口尖嘴伸入烧杯约1cm。滴定管应放在左后方,但不要靠杯壁,右手持玻璃棒搅动溶液。加半滴溶液时,用玻璃棒末端承接悬挂的半滴溶液,放入溶液中搅拌。注意玻璃棒只能接触液滴,不能接触管尖。

　　溴酸钾法、碘量法(滴定碘法)等需在碘量瓶中进行反应和滴定。碘量瓶是带有磨口玻璃塞和水槽的锥形瓶(图1-8),喇叭形瓶口与瓶塞柄之间形成一圈水槽,槽中加纯水可形成水封,防止瓶中溶液反应生成的气体(Br_2、I_2 等)逸失。反应一定时间后,打开瓶塞水即流下并可冲洗瓶塞和瓶壁,接着进行滴定。

　　4) 滴定管的读数

　　读数应遵照下列原则:

　　(1) 读数时,可将滴定管夹在滴定管架上,也可以右手指夹持滴定管上部无刻度处。不管用哪一种方法读数,均应使滴定管保持垂直状态。

　　(2) 读数时,视线应与液面成水平。视线高于液面,读数将偏低;反之,读数偏高(图1-9)。

　　(3) 对于无色或浅色溶液,应该读取弯月面下缘的最低点。溶液颜色太深而不能观察到弯月面时,可读两侧最高点。初读数与终读数应取同一标准。

　　(4) 读数应估计到最小分度的1/10。对于常量滴定管,读到小数后第二位,即估计到0.01mL。

　　4. 容量瓶

　　容量瓶是细颈梨形平底玻璃瓶,由无色或棕色玻璃制成(图1-10),带有磨口玻璃塞,颈上有一标线。容量瓶均为量入式,颈上应标有"In"字样。精度级别分为 A 级和 B 级,国家规定的容量允差列于表1-4。

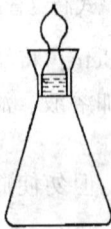

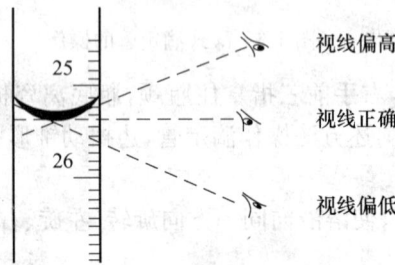

図 1-8　碘量瓶　　　　　图 1-9　读数时视线的方向　　　　　图 1-10　容量瓶

图 1-9 中标注:25、26、视线偏高、视线正确、视线偏低

图 1-10 中标注:刻度、250mL 20℃

表 1-4　常用容量瓶的规格

标称容量/mL		10	25	50	100	200	250	500	1000	2000
容量允差 /mL	A	±0.020	±0.03	±0.05	±0.10	±0.15	±0.15	±0.25	±0.40	±0.60
	B	±0.040	±0.06	±0.20	±0.20	±0.30	±0.30	±0.50	±0.80	±1.20

　　容量瓶的容量定义为:在20℃时,充满至刻度线所容纳水的体积,以毫升计。调定弯液面的正确方法是:调节液面使刻度线的上边缘与弯液面的最低点水平相切,视线应在同一水平面。

　　容量瓶的主要用途是配制准确浓度的溶液或定量地稀释溶液。它常和移液管配合使用,可把配成溶液的某种物质分成若干等份。

　　使用容量瓶时应注意以下四点:

（1）检查瓶口是否漏水：加水至刻线，盖上瓶塞颠倒 10 次（每次颠倒过程中要停留在倒置状态 10s）以后不应有水渗出（可用滤纸片检查）。将瓶塞旋转 180°再检查一次，合格后用皮筋或塑料绳将瓶塞和瓶颈上端拴在一起，以防摔碎或与其他瓶塞搞乱。

（2）用铬酸洗液清洗内壁，然后用自来水和纯水洗净。某些仪器分析实验中还需用硝酸或盐酸洗液清洗。

（3）用固体物质（基准试剂或被测样品）配制溶液时，应先在烧杯中将固体物质完全溶解后再转移至容量瓶中。转移时要使溶液沿搅棒流入瓶中，其操作方法如图 1-11a 所示。烧杯中的溶液倒尽后，烧杯不要直接离开搅棒，而应在烧杯扶正的同时使杯嘴沿搅棒上提 1～2cm，随后烧杯再离开搅棒，这样可避免杯嘴与搅棒之间的一滴溶液流到烧杯外面。然后再用少量水（或其他溶剂）涮洗烧杯 3～4 次，每次用洗瓶或滴管冲洗杯壁和搅棒，按同样的方法移入瓶中。当溶液达 2/3 容量时，应将容量瓶沿水平方向轻轻摆动几周以使溶液初步混匀。再加水至刻线以下约 1cm，等待 1～2min，最后用滴管从刻线以上 1cm 以内的一点沿颈壁缓缓加水至弯液面最低点与标线上边缘水平相切，随即盖紧瓶塞，左手捏住瓶颈上端，食指压住瓶塞，右手三指托住瓶底（图 1-11b），将容量瓶颠倒 15 次以上，每次颠倒时都应使瓶内气泡升到顶部，倒置时应水平摇动几周（图 1-11c），如此重复操作，可使瓶内溶液充分混匀。100mL 以下的容量瓶，可不用右手托瓶，一只手抓住瓶颈及瓶塞进行颠倒和摇动即可。

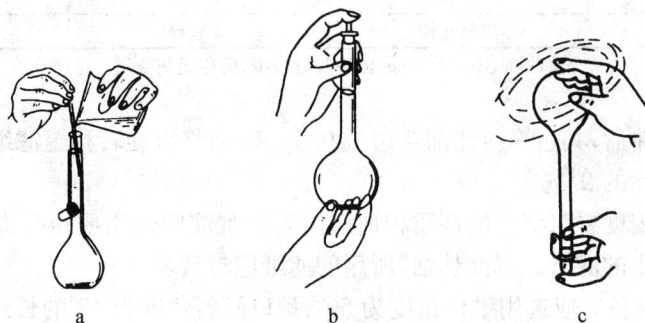

图 1-11　固体配制溶液
a. 转移；b. 直立；c. 旋摇

（4）对玻璃有腐蚀作用的溶液，如强碱溶液，不能在容量瓶中久储，配好后应立即转移到其他容器（如塑料试剂瓶）中密闭存放。

三、重量分析的基本操作

重量分析中，试样的干燥、称取及溶解与其他分析方法相同，这里不再叙述。只是应注意，形成结晶形沉淀的量应不超过 0.5g，胶状沉淀不超过 0.2g，据此来确定开始的称样量。

1. 沉淀的形成

应根据沉淀的不同性质采取不同的操作方法。

形成晶形沉淀一般是在热的、较稀的溶液中进行，沉淀剂用滴管加入。操作时，左手拿滴管滴加沉淀剂溶液；滴管口需接近液面以防溶液溅出；滴加速度要慢，接近沉淀完全时可以稍快。与此同时，右手持玻璃棒充分搅拌，且不要碰到烧杯的壁或底。充分搅拌的目的是防止沉淀剂局部过浓而形成的沉淀太细,太细的沉淀容易吸附杂质而难于洗涤。

要检查沉淀是否完全。方法是:静置,待沉淀完全后,于上层清液液面加入少量沉淀剂,观察是否出现浑浊。沉淀完全后,盖上表面皿,放置过夜或在水浴上加热 1h 左右,使沉淀陈化。

形成非晶形沉淀时,宜用较浓的沉淀剂,加入沉淀剂的速度和搅拌的速度都可以快些。沉淀完全后用适量热蒸馏水稀释,不必放置陈化。

2. 沉淀的过滤和洗涤

需要灼烧的沉淀,要用定量(无灰)滤纸过滤,若滤纸灰分过重,则需进行空白校正;而对于过滤后只要烘干就可进行称量的沉淀,则可采用微孔玻璃滤埚过滤。

1) 用滤纸过滤

(1) 滤纸的选择。国产滤纸有三种类型,即快速型、中速型和慢速型。要根据沉淀的量和沉淀的性质选用合适的滤纸。定量滤纸的规格见表 1-5。

表 1-5　定量滤纸的规格

类别和标志		快速(白条)	中速(蓝条)	慢速(红条)
每平方米的质量/g		75	75	80
孔度		大	中	小
ω 水分/%	≤	7	7	7
ω 灰分/%	≤	0.01	0.01	0.01
应用示例		氢氧化铁	碳酸锌	硫酸钡

注:每张滤纸灼烧后的灰分重约 0.03~0.06mg,因为灰分极少,俗称无灰滤纸。这样在称量沉淀时,滤纸灰量可忽略不计。

滤纸放入滤斗后,其边缘应比漏斗边低 0.5~1cm;将沉淀转移至滤纸中后,沉淀的高度不得超过滤纸高的 2/3。

滤纸的致密程度要与沉淀的性质相适应。胶状沉淀应选用质松孔大的滤纸;晶形沉淀应选用致密孔小的滤纸。沉淀越细,所用的滤纸应越致密。

(2) 漏斗的准备。应选用锥体角度为 60°、颈口倾斜角度为 45° 的长颈漏斗;颈长一般为 15~20 cm;颈的内径不宜过粗,以 3~5mm 为宜。这样的漏斗过滤速度较快。

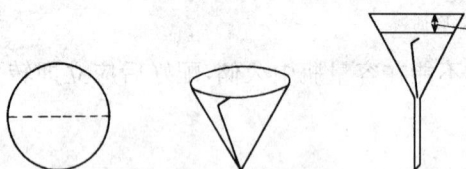

图 1-12　滤纸的折叠和安放

所需要的滤纸选好后,先将手洗净擦干,将滤纸轻轻地对折后再对折。为保证滤纸与漏斗密合,第二次对折时暂不压紧(图 1-12),可改变滤纸折叠的角度,直到与漏斗密合为止(这时可把滤纸压紧,但不要用手指在纸上抹,以免滤纸破裂而造成沉淀穿滤)。为了使滤纸的三层那边能紧贴漏斗,常把这三层的外面两层撕去一角(撕下来的纸角保存起来,以备需要时擦拭沾在烧杯口外或漏斗壁上少量残留的沉淀用)。用手指按住滤纸中三层的一边,以少量的水润湿滤纸,使它紧贴在漏斗壁上。轻压滤纸,赶走气泡(切勿上下搓揉,湿滤纸极易破损)。加水至滤纸边缘,使之形成水柱(即漏斗颈中充满水)。若不能形成完整的水柱,可一边用手指堵住漏斗的下口,一边稍掀起三层那一边的滤纸,用洗瓶在滤纸和漏斗之间加水,使漏斗颈和锥体的大部分被水充满,然后一边轻轻按下掀起的滤纸,一边断续放开堵在出口处的手指,即可形成水柱。将这种准备好的漏斗安放在漏斗架上,盖上表面皿,下接一洁净烧杯,烧杯的内壁与漏斗出口尖处接触,收集滤液的烧杯也用表面皿盖好,然后开始过滤。

(3) 过滤和洗涤的操作。一般采用倾注法进行过滤:首先只过滤上层清液,将沉淀留在烧杯中,然后在烧杯中加洗涤液,初步洗涤沉淀,澄清后再滤去上层清液,经几次洗涤后,最后再转移沉淀。倾注法的主要优点是过滤开始时,不致因沉淀堵塞滤纸而减缓过滤速度,而且在烧杯中初步洗涤沉淀可提高洗涤效果。具体操作分为以下三步。

第一步:用倾注法把清液倾入滤纸中,留下沉淀。为此,在漏斗上方将玻璃棒从烧杯中慢慢取出并直立于漏斗中,下端对着三层滤纸的那一边约 2/3 滤纸高处,尽可能靠近滤纸,但不要碰到滤纸(图 1-13a)。将上层清液沿着玻璃棒倾入漏斗,漏斗中的液面不得高于滤纸的 2/3 高度,以免部分沉淀可能由于毛细管作用越过滤纸上缘而损失。用 15mL 左右洗涤液吹洗玻璃棒和杯壁并进行搅拌,澄清后,再按上法滤出清液。当倾注暂停时,要小心地把烧杯扶正,玻璃棒不离杯嘴(图 1-13b),到最后一滴流完后,立即将玻璃棒收回直接放入烧杯中(图 1-13c),此时玻璃棒不要靠在烧杯嘴处,因为此处可能沾有少量的沉淀。然后将烧杯从漏斗上移开。如此反复用洗涤液洗 2~3 次,使黏附在杯壁的沉淀洗下,并将杯中的沉淀进行初步洗涤。

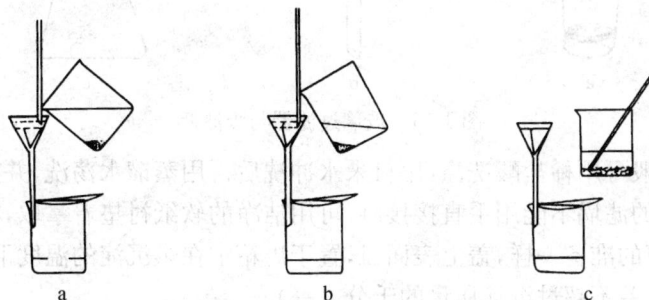

图 1-13 过滤

a. 玻璃棒垂直紧靠烧杯嘴,下端对着滤纸三层的一边,但不能碰到滤纸;b. 慢慢扶正烧杯与玻璃棒贴紧,接住最后一滴溶液;c. 玻璃棒远离烧杯嘴搁放

第二步:把沉淀转移到滤纸上。为此用少量洗涤液冲洗杯壁和玻璃棒上的沉淀,再把沉淀搅起,将悬浮液小心地转移到滤纸上,每次加入的悬浮液不得超过滤纸锥体高度的 2/3,如此反复进行几次,尽可能地将沉淀转移到滤纸上。烧杯中残留的少量沉淀,则可按图 1-14 所示的方法转移:用左手将烧杯斜放在漏斗上方,杯底略朝上,玻璃棒下端对准三层滤纸处,右手拿洗瓶冲洗杯壁上所黏附的沉淀,使沉淀和洗涤液一起顺着玻璃棒流入漏斗中(注意勿使溶液溅出)。

图 1-14 残留沉淀的转移

第三步:洗涤烧杯和洗涤沉淀。黏着在烧杯壁上和玻璃棒上的沉淀,可用淀帚自上而下刷至杯底,再转移到滤纸上。也可用撕下的滤纸角擦净玻璃棒和烧杯的内壁,将擦过的滤纸角放在漏斗的沉淀里。最后在滤纸上将沉淀洗至无杂质。洗涤沉淀时应先使洗瓶出

口管充满液体,然后用细小的洗涤液流缓慢地从滤纸上部沿漏斗壁螺旋向下冲洗,绝不可骤然浇在沉淀上。待上一次洗涤液流完后,再进行下一次洗涤。在滤纸上洗涤沉淀的目的主要是洗去杂质,并将黏附在滤纸上部的沉淀冲洗至下部。

为了检查沉淀是否洗净,先用洗瓶将漏斗颈下端外壁洗净。用小试管收集滤液少许,用适当的方法(例如用 $AgNO_3$ 检验是否有 Cl^-)进行检验。

过滤和洗涤沉淀的操作必须不间断地一气呵成。否则,搁置较久的沉淀干涸后,结成团块,这样就几乎无法将其洗净。

2) 用微孔玻璃过滤器过滤

微孔玻璃过滤器分滤坩形和漏斗形两种类型(图 1-15a、b)。前者称玻璃坩埚式过滤器或玻璃滤坩;后者称玻璃漏斗式过滤器或砂芯漏斗。这两种玻璃滤器虽然形状不同,但其底部滤片皆是用玻璃砂在 600℃ 左右烧结制成的多孔滤板。根据滤板平均孔径分级,GB 11415—1989 将微孔过滤器分成 8 种规格。

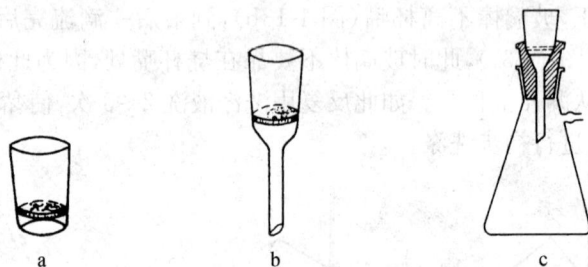

图 1-15　玻璃过滤器与吸滤瓶

玻璃滤坩一般可用稀盐酸洗涤,用自来水冲洗后再用蒸馏水荡洗,并在吸滤瓶上抽洗干净。抽洗干净的滤坩不能用手直接接触,可用洁净的软纸衬垫着拿取,将其放在洁净的烧杯中,同称量瓶的准备一样,盖上表面皿,置于烘箱中在烘沉淀的温度下烘干,直至恒重(连续两次称量之差不超过沉淀质量的千分之一)。

玻璃滤坩不能用来过滤不易溶解的沉淀(如二氧化硅等),否则沉淀将无法清洗;也不宜用来过滤浆状沉淀,因为它会堵塞烧结玻璃的细孔。

砂芯滤板耐酸性强,但强碱性溶液会腐蚀滤板,因此不能用来过滤碱性强的溶液,也不能用碱液清洗滤器。

滤器用过后,先尽量倒出其中沉淀,再用适当的清洗剂清洗(表 1-6)。不能用去污粉洗涤,也不要用坚硬的物体擦划滤板。

表 1-6　玻璃过滤器常用清洗剂

沉淀物	清洗剂
油脂等各种有机物	先用四氯化碳等适当的有机溶剂洗涤,继用铬酸洗液洗
氯化亚铜、铁斑	含 $KClO_4$ 的热浓盐酸
汞渣	热浓 HNO_3
氯化银	氨水或 $Na_2S_2O_4$ 溶液
铝质、硅质残渣	先用 HF,继用浓 H_2SO_4 洗涤,随即用蒸馏水反复漂洗几次
二氧化锰	$HNO_3-H_2O_2$

玻璃滤坩和砂芯漏斗配合吸滤瓶使用(图 1-15c)。玻璃滤坩通过一特制的橡皮座

接在吸滤瓶上,用水泵抽气。过滤时应先开水泵,接上橡皮管,倒入过滤溶液。过滤完毕,应先拔下橡皮管。关水泵,否则由于瓶内负压,会使自来水倒吸入瓶。

3. 沉淀的干燥和灼烧

1) 干燥器的准备和使用

干燥器是一种用来对物品进行干燥或保存干燥物品的玻璃器具(图 1-16)。器内放置一块有圆孔的瓷板将其分成上、下两室。下室放干燥剂,上室放待干燥物品。为防止物品落入下室,常在瓷板下衬垫一块铁丝网。

图 1-16　干燥器

准备干燥器时用干抹布将瓷板和内壁抹干净,一般不用水洗,因为水洗后不能很快地干燥。干燥剂装到下室的一半即可,太多容易玷污干燥物品。装干燥剂时,可用一张稍大的纸折成喇叭形,插入干燥器底,大口向上,从中倒入干燥剂,可使干燥器避免玷污。干燥剂一般用变色硅胶,当蓝色的硅胶变成红色(钴盐的水合物)时,即应将硅胶重新烘干。常用的干燥剂见表 1-7。

表 1-7　常用干燥剂

干燥剂	25℃时,1L 干燥后的空气中残留的水分/mg	再生方法
$CaCl_2$(无水)	$0.14 \sim 0.25$	烘干
CaO	3×10^{-3}	烘干
$NaOH$(熔融)	0.16	熔融
MgO	8×10^{-3}	再生困难
$CaSO_4$(无水)	5×10^{-3}	于 $230 \sim 250℃$ 加热
H_2SO_4($95\% \sim 100\%$)	$3 \times 10^{-3} \sim 0.30$	蒸发浓缩
$Mg(ClO_4)_2$(无水)	5×10^{-4}	减压下,于 $220℃$ 加热
P_2O_5	$< 2.5 \times 10^{-5}$	不能再生
硅胶	$\sim 1 \times 10^{-3}$	于 $110℃$ 烘干

干燥器的沿口和盖沿均为磨砂平面,用时涂敷一薄层凡士林以增加其密封性。开启或关闭干燥器时,用左手向右抵住干燥器身,右手握住盖的圆把手向左平推干燥器盖(图 1-17)。取下的盖子应盖里朝上盖沿在外地放在实验台上,以防止其滚落在地。

灼烧的物体放入干燥器前,应先在空气中冷却 30~60s。放入干燥器后,为防止干燥器内空气膨胀而将盖子顶落,应反复将盖子推开一道细缝,让热空气逸出,直至不再有热空气排出时再盖严盖子。

搬移干燥器时,务必用双手拿着干燥器和盖子的沿口(图 1-18),绝对禁止只用手捧其下部,以防盖子滑落打碎。

图 1-17　干燥器盖的开启和关闭　　　　　图 1-18　干燥器的搬移

干燥器不能用来保存潮湿的器皿或沉淀。

2）坩埚的准备

坩埚是用来进行高温灼烧的器皿，如图 1-19 所示。重量分析中常用 30mL 的瓷坩埚灼烧沉淀。为了便于识别坩埚，可用钴盐（如 $CoCl_2$）或铁盐（如 $FeCl_3$）在干燥的瓷坩埚上编号，烘干灼烧后，即可留下不退色的字迹。

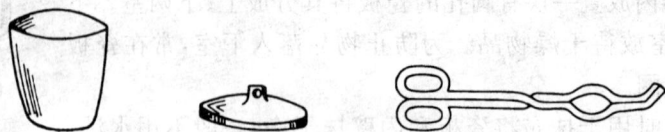

图 1-19　坩埚和坩埚钳

坩埚钳（图 1-19）常用铁或铜合金制作，表面镀以镍或铬，它用来夹持热的坩埚和坩埚盖。用坩埚钳夹持热坩埚时，应将坩埚钳预热，不用时应如图 1-19 那样放置，不能将钳倒放，以免弄脏。

坩埚在使用前需灼烧至恒重，即两次称量相差 0.2mg 以下，恒重的具体方法如下：

将洗净的瓷坩埚倾斜放在泥三角上（图 1-20a），斜放好盖子，用小火（必须是氧化焰）小心加热坩埚盖（图 1-20b），使热空气流反射到坩埚内部将其烘干，然后在坩埚底部（图 1-20c）灼烧，灼烧温度与时间应与灼烧沉淀时相同（沉淀灼烧所需的温度和时间，随沉淀而异）。在灼烧过程中，要用热坩埚钳将坩埚慢慢转动数次，使其灼烧均匀。例如，灼烧 $BaSO_4$ 的实验中，空坩埚第一次灼烧 15～30min 后，停止加热，稍冷却（红热退去，再冷却 1min 左右），用热坩埚钳夹取坩埚，放入干燥器内冷却 45～50min，然后称量（称量前 10min 应将干燥器拿到天平室）。第二次再灼烧 15min，冷却、称量（每次冷却时间要相同），直至恒重。将恒重后的坩埚放在干燥器中备用。

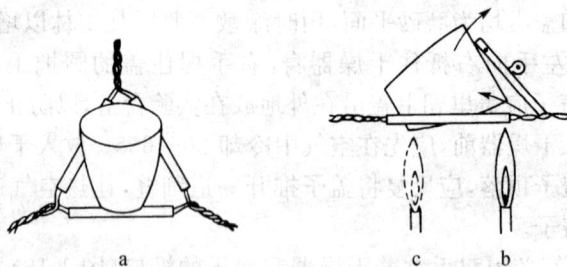

图 1-20　坩埚（沉淀）的烘干和灼烧

若使用马弗炉而不用煤气灯灼烧，可将编好号、烘干的瓷坩埚，用长坩埚钳渐渐移入 800～850℃马弗炉中（坩埚直立并盖上坩埚盖，但留有空隙）。第一次和第二次灼烧的时间和冷却、称量条件与上述用煤气灯的灼烧类同。

3）沉淀的包裹

晶形沉淀一般体积较小，可按如下方法包裹：用清洁的玻璃棒将滤纸的三层部分挑起，再用洗净的手将带有沉淀的滤纸小心取出，打开成半圆形，自右边半径的 1/3 处向左折叠，再自上边向下折，然后自右向左卷成小卷。最后将滤纸放入已恒重的坩埚中，包卷层数较多的一面应朝上，以便于炭化和灰化。

　　对于胶状沉淀，由于体积一般较大，不宜采用上述包裹方法，而采用如下的方法：用玻璃棒从滤纸三层的部分将其挑起，然后用玻璃棒将滤纸向中间折叠，将三层部分的滤纸折在最外面，包成锥形滤纸包。用玻璃棒轻轻按住滤纸包，旋转漏斗颈，慢慢将滤纸包从漏斗的锥底移至上沿，这样可擦下黏附在漏斗上的沉淀。将滤纸包移至恒重的坩埚中，尖头向上。再仔细检查原烧杯嘴和漏斗内是否残留沉淀。如有沉淀，可用准备漏斗时撕下的滤纸再擦拭，一并放入坩埚内。此法也可以用于包裹晶形沉淀。

　　4）沉淀的烘干、灼烧和恒重

　　如图 1-20 所示，把坩埚斜放在泥三角架上，坩埚盖斜靠在坩埚口和泥三角上，用煤气灯小心加热坩埚盖，这时热空气流反射到坩埚内部，使滤纸和沉淀烘干，并利于滤纸的炭化。要防止温度升得太快，坩埚中氧气不足致使滤纸变成整块的炭。如果生成大块炭，则使滤纸完全炭化非常困难。在炭化时不能让滤纸着火，否则会将一些微粒扬出。

基本知识四 化工产品定量分析基本知识

一、定量分析的误差

定量分析的任务是测定试样中组分的含量。要求测定的结果必须达到一定的准确度,方能满足生产和科学研究的需要。显然,不准确的分析结果将会导致生产的损失、资源的浪费、科学上的错误结论。

在分析测试过程中,由于主、客观条件的限制,使得测定结果不可能和真实含量完全一致。即使是技术很熟练的人,用同一最完善的分析方法和最精密的仪器,对同一试样仔细地进行多次分析,其结果也不会完全一样,而是在一定范围内波动。这就说明分析过程中客观上存在难于避免的误差。因此,人们在进行定量分析时,不仅要得到被测组分的含量,而且必须对分析结果进行评价,判断分析结果的可靠程度,检查产生误差的原因,以便采取相应措施减小误差,使分析结果尽量接近客观真实值。

(一)误差的表征——准确度与精密度

准确度是指分析结果与真实值相接近的程度。它们之间的差值越小,则分析结果的准确度越高。

为了获得可靠的分析结果,在实际分析中,人们总是在相同条件下对试样平行测定几份,然后取平均值,如果几个数据比较接近,说明分析的精密度高。所谓精密度就是几次平行测定结果相互接近的程度。

准确度与精密度的关系:

(1)精密度是保证准确度的先决条件。精密度差,所测结果不可靠,就失去了衡量准确度的前提。对于教学实验来说,首先要重视测量数据的精密度。

(2)高的精密度不一定能保证高的准确度,但可以找出精密而不准确的原因,而后加以校正,就可以使测定结果既精密又准确。

(二)误差的表示

1. 误差

准确度的高低用误差来衡量。误差表示测定结果与真实值的差异。差值越小,误差就越小,即准确度越高。误差一般用绝对误差和相对误差来表示。绝对误差 E 是表示测定值 x_i 与真实值 μ 之差。即

$$E = x_i - \mu$$

相对误差 RE 是指绝对误差在真实值中所占的百分率:

$$\mathrm{RE}=\frac{E}{\mu}\times100\%$$

【例 1-1】 测定硫酸铵中氮含量为 20.84%，已知真实值为 20.82%，求其绝对误差和相对误差。

解
$$E=20.84\%-20.82\%=+0.02\%$$
$$\mathrm{RE}=\frac{E}{\mu}\times100\%=\frac{+0.02\%}{20.82\%}\times100\%=+0.1\%$$

绝对误差和相对误差都有正值和负值，分别表示分析结果偏高或偏低。由于相对误差能反映误差在真实值中所占的比例，故常用相对误差来表示或比较各种情况下测定结果的准确度。

2. 偏差

在实际分析工作中，真实值并不知道，一般是取多次平行测定值的算术平均值 $\bar{x}$ 来表示分析结果：

$$\bar{x}=\frac{x_1+x_2+\cdots+x_n}{n}=\frac{1}{n}\sum_{i=1}^{n}x_i$$

各次测定值与平均值之差称为偏差。偏差的大小可表示分析结果的精密度，偏差越小说明测定值的精密度越高。偏差也分为绝对偏差和相对偏差。

绝对偏差：$d_i=x_i-\bar{x}$

相对偏差：$\mathrm{R}d_i=\frac{d_i}{\bar{x}}\times100\%$

3. 公差

由前面的讨论可以知道，误差与偏差具有不同的含义。前者以真实值为标准，后者是以多次测定值的算术平均值为标准。严格地说，人们只能通过多次反复的测定，得到一个接近于真实值的平均结果，用这个平均值代替真实值来计算误差。显然，这样计算出来的误差还是偏差。因此在生产部门并不强调误差与偏差的区别，而用"公差"范围来表示允许误差的大小。

公差是生产部门对分析结果允许误差的一种限量，又称为允许误差。如果分析结果超出允许的公差范围称为"超差"。遇到这种情况，则该项分析应该重做。公差范围的确定一般是根据生产需要和实际情况而制定的，所谓根据实际情况是指试样组成的复杂情况和所用分析方法的准确程度。对于每一项具体的分析工作，各主管部门都规定了具体的公差范围，例如钢铁中碳含量的公差范围，国家标准规定如表 1-8 所示。

表 1-8　钢铁中碳含量的公差范围

碳含量范围/%	0.10~0.20	0.20~0.50	0.50~1.00	1.00~2.00	2.00~3.00	3.00~4.00	>4.00
公差/±%	0.015	0.020	0.025	0.035	0.045	0.050	0.060

（三）误差的分类

误差按性质不同可分为两类：系统误差和随机误差。

1. 系统误差

这类误差是由某种固定的原因造成的，它具有单向性，即正负、大小都有一定的规律性。当重复进行测定时系统误差会重复出现。若能找出原因,并设法加以校正,系统误差就可以消除,因此也称为可测误差。系统误差产生的主要原因是:

(1)方法误差。指分析方法本身所造成的误差。例如滴定分析中,由指示剂确定的滴定终点与化学计量点不完全符合以及副反应的发生等,都将使测定结果偏高或偏低。

(2)仪器误差。主要是仪器本身不够准确或未经校准所引起的。如天平、砝码和容量器皿刻度不准等,在使用过程中就会使测定结果产生误差。

(3)试剂误差。由于试剂不纯或蒸馏水中含有微量杂质所引起的。

(4)操作误差。是由于操作人员的主观原因造成。例如,对终点颜色变化的判断,有人敏锐,有人迟钝;滴定管读数偏高或偏低等。

2. 随机误差

随机误差也称偶然误差。这类误差是由一些偶然和意外的原因产生的,如温度、压力等外界条件的突然变化,仪器性能的微小变化,操作稍有出入等原因所引起的。在同一条件下多次测定所出现的随机误差,其大小、正负不定,是非单向性的,因此不能用校正的方法来减少或避免此项误差。

(四)误差的减免

从误差的分类和各种误差产生的原因来看,只有熟练操作并尽可能地减少系统误差和随机误差,才能提高分析结果的准确度。减免误差的主要方法分述如下。

1. 对照试验

这是用来检验系统误差的有效方法。进行对照试验时,常用已知准确含量的标准试样(或标准溶液),按同样方法进行分析测定以资对照,也可以用不同的分析方法,或者由不同单位的化验人员分析同一试样来互相对照。

在生产中,常常在分析试样的同时,用同样的方法做标样分析,以检查操作是否正确和仪器是否正常,若分析标样的结果符合"公差"规定,说明操作与仪器均符合要求,试样的分析结果是可靠的。

2. 空白试验

在不加试样的情况下,按照试样的分析步骤和条件而进行的测定叫做空白试验。得到的结果称为"空白值"。从试样的分析结果中扣除空白值,就可以得到更接近于真实含量的分析结果。由试剂、蒸馏水、实验器皿和环境带入的杂质所引起的系统误差,可以通过空白试验来校正。空白值过大时,必须采取提纯试剂或改用适当器皿等措施来降低。

3. 校准仪器

在日常分析工作中,因仪器出厂时已进行过校正,只要仪器保管妥善,一般可不必进行校准。在准确度要求较高的分析中,对所用的仪器如滴定管、移液管、容量瓶、天平砝码等,必须进行校准,求出校正值,并在计算结果时采用,以消除由仪器带来的误差。

4. 方法校正

某些分析方法的系统误差可用其他方法直接校正。例如,在重量分析中,使被测组分沉淀绝对完全是不可能的,必须采用其他方法对溶解损失进行校正。如在沉淀硅酸后,可再用比色法测定残留在滤液中的少量硅,在准确度要求高时,应将滤液中该组分的比色测定结果加到重量分析结果中去。

5. 进行多次平行测定

这是减小随机误差的有效方法,随机误差初看起来似乎没有规律性,但事实上偶然中包含有必然性,经过人们大量的实践发现,当测量次数很多时,随机误差的分布服从一般的统计规律:

(1)大小相近的正误差和负误差出现的机会相等,即绝对值相近而符号相反的误差是以同等的机会出现的。

(2)小误差出现的频率较高,而大误差出现的频率较低。

上述规律可用正态分布曲线图 1-21 表示,图中横坐标代表误差的大小,以标准偏差 σ 为单位,纵坐标代表误差发生的频率。

可见在消除系统误差的情况下,平行测定的次数越多,则测得值的算术平均值越接近真值。显然,无限多次测定的平均值 μ,在校正了系统误差的情况下,即为真值。

应该指出,由于操作者的过失,如器皿不洁净、溅失试液、读数或记录差错等造成的错误结果,是不能通过上述方法减免的,因此必须严格遵守操作规程,认真仔细地进行实验,如发现错误测定结果,应予以剔除,不能用来计算平均值。

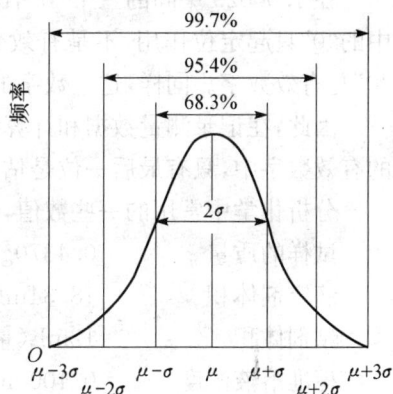

图 1-21　误差的正态分布曲线

二、有效数字及其运算规则

(一)有效数字及位数

为了得到准确的分析结果,不仅要准确测量,而且还要正确地记录和计算,即记录的数字不仅表示数量的大小,而且要正确地反映测量的精确程度。例如用通常的分析天平称得某物体的质量为 0.3280g,这一数值中,0.328 是准确的,最后一位数字"0"是可疑的;可能有上下一个单位的误差,即其真实质量在 0.3280g±0.0001g 范围内的某一数值。此时称量的绝对误差为±0.0001g;相对误差为

$$\frac{\pm 0.0001\mathrm{g}}{0.3280\mathrm{g}} \times 100\% = \pm 0.03\%$$

若将上述称量结果记录为 0.328g,则该物体的实际质量将为 0.328g±0.001g 范围内的某一数值,即绝对误差为±0.001g,而相对误差则为±0.3%。可见,记录时在小数点后末尾多写一位或少写一位"0"数字,从数学角度看关系不大,但是记录所反映的测量精确程度无形中被夸大或缩小了 10 倍。所以在数据中代表一定量的每一个数字都是重要的。这种在分析工作中实际能测量得到的数字称为有效数字。其最末一位是估计的、可疑的,是"0"也得记上。

数字"0"在数据中具有双重意义。若作为普通数字使用,它就是有效数字;若它只起定位作用就不是有效数字。例如:

1.0002g	五位有效数字
0.5000g,27.03%,6.023×10²	四位有效数字
0.0320g,1.06×10⁻⁵	三位有效数字
0.0074g,0.30%	两位有效数字
0.6g,0.007%	一位有效数字

1.0002g　　　　　　　　　　　　　五位有效数字
0.5000g,27.03%,6.023×10²　　　　四位有效数字
0.0320g,1.06×10⁻⁵　　　　　　　　三位有效数字
0.0074g,0.30%　　　　　　　　　　两位有效数字
0.6g,0.007%　　　　　　　　　　　一位有效数字

在 1.00029 中间的三个"0",0.50009 中后边的三个"0",都是有效数字;在 0.0074g 中的"0"只起定位作用,不是有效数字;在 0.03209 中,前面的"0"起定位作用,最后一位"0"是有效数字。同样,这些数字的最后一位都是不定数字。

因此,在记录测量数据和计算结果时,应根据所使用的测量仪器的准确度,使所保留的有效数字中,只有最后一位是估计的"不定数字"。

分析化学中常用的一些数值,有效数字位数如下:

试样的质量	0.4370g(分析天平称量)	四位有效数字
滴定剂体积	18.34mL(滴定管读取)	四位有效数字
试剂体积	12mL(量筒量取)	二位有效数字
标准溶液浓度	0.1000mol/L	四位有效数字
被测组分含量	23.47%	四位有效数字
解离常数	$K_a=1.8×10^{-5}$	二位有效数字
配合物稳定常数	$K_{MY}=1.00×10^{8.7}$	三位有效数字
pH[①]	4.30,11.02	二位有效数字

(二) 数字修约规则

通常的分析测定过程,往往包括几个测量环节,然后根据测量所得数据进行计算,最后求得分析结果。但是各个测量环节的测量精度不一定完全一致,因而几个测量数据的有效数字位数可能也不相同,在计算中要对多余的数字进行修约。我国的国家标准(GB)对数字修约有如下的规定:

(1) 在拟舍弃的数字中,若左边的第一个数字小于 5(不包括 5)时,则舍去。例如,欲将 14.2432 修约成三位,则从第 4 位开始的"432"就是拟舍弃的数字,其左边的第 1 个数字是"4",小于 5,应舍去,所以修约为 14.2。

(2) 在拟舍弃的数字中,若左边的第一个数字大于 5(不包括 5)时,则进一。例如 26.4843→26.5。

(3) 在拟舍弃的数字中,若左边的第一个数字等于 5,其右边的数字并非全部为零时,则进一。例如 1.0501→1.1。

(4) 在拟舍弃的数字中,若左边的第一个数字等于 5,其右边的数字皆为零时,所拟保

---

① pH 是[H^+]的负对数,所以其小数部分才为有效数字。

留的末位数字若为奇数则进一，若为偶数（包括"0"），则不进。例如：

0.3500→0.4　　　12.25→12.2

0.4500→0.4　　　12.35→12.4

1.0500→1.0　　　1225.0→1.22×10³

1235.0→1.24×10³

（5）所拟舍去的数字，若为两位以上数字时，不得连续进行多次修约。例如，需将215.4546 修约成三位，应一次修约为 215。

若 215.4546→215.455→215.46→215.5→216，则是不正确的。

（三）有效数字的运算规则

1. 加减法

当几个数据相加或相减时，它们的和或差只能保留一位可疑数字，应以小数点后位数最少（即绝对误差最大的）的数据为依据。例如 53.2、7.45 和 0.66382 三数相加，若各数据都按有效数字规定所记录，最后一位均为可疑数字，则 53.2 中的"2"已是可疑数字，因此三数相加后第一位小数已属可疑，它决定了总和的绝对误差，因此上述数据之和，不应写作 61.31382，而应修约为 61.3。

2. 乘除法

几个数据相乘除时，积或商的有效数字位数的保留，应以其中相对误差最大的那个数据，即有效数字位数最少的那个数据为依据。

例如 $\dfrac{0.0243 \times 7.105 \times 70.06}{164.2} = ?$

因最后一位都是可疑数字，各数据的相对误差分别为

$$\frac{\pm 0.0001}{0.0243} \times 100\% = \pm 0.4\%$$

$$\frac{\pm 0.001}{7.105} \times 100\% = \pm 0.01\%$$

$$\frac{\pm 0.01}{70.06} \times 100\% = \pm 0.01\%$$

$$\frac{\pm 0.1}{164.2} \times 100\% = \pm 0.06\%$$

可见 0.0243 的相对误差最大（也是位数最少的数据），所以上列计算式的结果，只允许保留三位有效数字：

$$\frac{0.0243 \times 7.105 \times 70.06}{164.2} = 0.0737$$

在计算和取舍有效数字位数时，还要注意以下五点：

（1）若某一数据中第一位有效数字大于或等于 8，则有效数字的位数可多算一位。如8.15 可视为四位有效数字。

（2）在分析化学计算中，经常会遇到一些倍数、分数，如 2、5、10 及 $\dfrac{1}{2}$、$\dfrac{1}{5}$、$\dfrac{1}{10}$ 等，这里

的数字可视为足够准确,不考虑其有效数字位数,计算结果的有效数字位数,应由其他测量数据来决定。

(3) 在计算过程中,为了提高计算结果的可靠性,可以暂时多保留一位有效数字位数,得到最后结果时,再根据数字修约的规则,弃去多余的数字。

(4) 在分析化学计算中,对于各种化学平衡常数的计算,一般保留两位或三位有效数字。对于各种误差的计算,取一位有效数字即已足够,最多取两位。对于 pH 的计算,通常只取一位或两位有效数字即可,如 pH 为 3.4、7.5、10.48。

(5) 定量分析的结果,对于高含量组分(例如≥10%),要求分析结果为四位有效数字;对于中含量(1%～10%)范围内,要求有三位有效数字;对于微量组分(<1%),一般只要求两位有效数字。通常以此为标准,报出分析结果。

使用计算器计算定量分析结果,特别要注意最后结果中有效数字的位数,应根据前述数字修约规则决定取舍,不可全部照抄计算器上显示的八位数字或十位数字。

三、定量分析结果的数据处理

在分析工作中,最后处理分析数据时,都要在校正系统误差和剔除由于明显原因而与其他测定结果相差甚远的那些错误测定结果后进行。

在例行分析中,一般对单个试样平行测定两次,两次测定结果差值如不超过双面公差(即 2 乘以公差),则取它们的平均值报出分析结果,如超过双面公差,则需重做。例如,水泥中 SiO_2 的测定,标准规定同一实验室内公差(允许误差)为 ±0.20%,如果实际测得的数据分别为 21.14% 及 21.58%,两次测定结果的差值为 0.44%,超过双面公差(2×0.20%),必须重新测定,如又进行一次测定结果为 21.16%,则应以 21.14% 和 21.16% 两次测定的平均值 21.15% 报出。

在常量分析实验中,一般对单个试样(试液)平行测定 2～3 次,此时测定结果可做如下简单处理:计算出相对平均偏差,若其相对平均偏差≤0.1%,可认为符合要求,取其平均值报出测定结果,否则需重做。

对要求非常准确的分析,如标准试样成分的测定,考核新拟定的分析方法,对同一试样,往往由于实验室不同或操作者不同,做出的一系列测定数据会有差异,因此需要用统计的方法进行结果处理。首先把数据加以整理,剔除由于明显原因而与其他测定结果相差甚远的错误数据,对于一些精密度似乎不甚高的可疑数据,则按本节所述的 Q 检验(或根据实验要求,按照其他有关规则)决定取舍,然后计算 n 次测定数据的平均值($\bar{x}$)与标准偏差(S),有了 $\bar{x}$、S、n 这三个数据,即可表示出测定数据的集中趋势和分散情况,就可进一步对总体平均值可能存在的区间做出估计。

(一)数据集中趋势的表示方法

根据有限次测定数据来估计真值,通常采用算术平均值或中位数来表示数据分布的集中趋势。

1. 算术平均值 $\bar{x}$

对某试样进行有限次平行测定,测定数据为 $x_1,x_2,\cdots,x_n$ 则

$$\overline{x} = (1/n)(x_1 + x_2 + \cdots + x_n) = (1/n)\sum_{i=1}^{n} x_i$$

根据随机误差的分布特性,绝对值相等的正、负误差出现的概率相等,所以算术平均值是真值的最佳估计值。当测定次数无限增多时,所得的平均值即为总体平均值 μ。

$$\mu = \lim_{n \to \infty}(1/n)\sum_{i=1}^{n} x_i$$

2. 中位数

中位数是指一组平行测定值按由小到大的顺序排列时的中间值。当测定次数规为奇数时,位于序列正中间的那个数值,就是中位数;当测定次数规为偶数时,中位数为正中间相邻的两个测定值的平均值。

中位数不受离群值大小的影响,但用以表示集中趋势不如平均值好,通常只有当平行测定次数较少而又有离群较远的可疑值时,才用中位数来代表分析结果。

(二) 数据分散程度的表示方法

随机误差的存在影响测量的精密度,通常采用平均偏差或标准偏差来表示数据的分散程度。

1. 平均偏差 $\overline{d}$

计算平均偏差 $\overline{d}$ 时,先计算各次测定对于平均值的偏差:

$$d_i = x_i - \overline{x} \quad (i = 1, 2, \cdots, n)$$

然后求其绝对值之和的平均值:

$$\overline{d} = (1/n)\sum_{i=1}^{n} |d_i| = (1/n)\sum_{i=1}^{n} |x_i - \overline{x}|$$

相对平均偏差则是

$$\frac{\overline{d}}{\overline{x}} \times 100\%$$

2. 标准偏差

标准偏差又称均方根偏差。当测定次数趋于无穷大时,总体标准偏差的表达式为

$$\sigma = \sqrt{\frac{\sum_{i=1}^{n}(x - \mu)^2}{n}}$$

式中　μ——总体平均值,在校正系统误差的情况下 μ 即为真值。

在一般的分析工作中,有限测定次数时的标准偏差 S 表达式为

$$S = \sqrt{\frac{\sum_{i=1}^{n}(x - \overline{x})^2}{n - 1}}$$

相对标准偏差也称变异系数(CV),其计算式为

$$CV = (S/\overline{x}) \times 100\%$$

用标准偏差表示精密度比用算术平均偏差更合理,因为将单次测定值的偏差平方之后,较大的偏差能显著地反映出来,故能更好地反映数据的分散程度。例如有甲、乙两组数据,其各次测定的偏差分别为:

甲组:$+0.11, -0.73^*, +0.24, +0.51^*, -0.14, 0.00, +0.30, -0.21$

$n_1 = 8$　$\overline{d_1} = 0.28$　$S_1 = 0.38$、

乙组:$+0.18, +0.26, -0.25, -0.37, +0.32, -0.28, +0.31, -0.27$

$n_2 = 8$　$\overline{d_2} = 0.28$　$S_2 = 0.29$

甲、乙两组数据的平均偏差相同,但可以明显地看出甲组数据较为分散,因其中有两个较大的偏差(标有＊号者),因此用平均偏差反映不出这两组数据的好坏。但是,如果用标准偏差来表示时,甲组数据的标准偏差明显偏大,因而精密度较低。

【例 1-2】 分析铁矿中铁的含量,得如下数据:37.45%, 37.20%, 37.50%, 37.30%, 37.25%。计算该组数据的平均值、平均偏差、标准偏差和变异系数。

解

$$\overline{x} = \frac{(37.45 + 37.20 + 37.50 + 37.30 + 37.25)\%}{5} = 37.34\%$$

各次测量值的偏差分别是

$$d_1 = 0.11\%, d_2 = -0.14\%, d_3 = -0.04\%, d_4 = +0.16\%　d_5 = -0.09\%$$

$$\overline{d} = (1/n)\sum_{i=1}^{n} |d_i| = \frac{(0.11 + 0.14 + 0.04 + 0.16 + 0.09)\%}{5} = 0.11\%$$

$$S = \sqrt{\frac{\sum_{i=1}^{n} d^2}{n-1}} = \sqrt{\frac{(0.11\%)^2 + (0.14\%)^2 + (0.04\%)^2 + (0.16\%)^2 + (0.09\%)^2}{5-1}} = 0.13\%$$

$$CV = (S/\overline{x}) \times 100\% = \frac{0.13\%}{37.34\%} \times 100\% = 0.35\%$$

3. 平均值的标准偏差

一系列测定(每次做 n 个平行测定)的平均值 $\overline{x_1}, \overline{x_2}, \overline{x_3}, \cdots, \overline{x_n}$,其波动情况也遵从正态分布,这时应用平均值的标准偏差来表示平均值的精密度。统计学已证明,对有限次测定,其平均值的标准偏差 S_x 为 $S_x = \dfrac{S}{\sqrt{n}}$

上式表明,平均值的标准偏差与测定次数的平方根成反比,增加测定次数可以提高测定的精密度,但实际上增加测定次数所取得的效果是有限的。当 $n > 10$ 时,变化已很小,实际工作中测定次数无须过多,通常 $4 \sim 6$ 次已足够了。

(三) 可疑数据的取舍

在重复多次测定时,如出现特大或特小的离群值,亦即可疑值时,又不是由明显的过失造成的,就要根据随机误差分布规律决定取舍。取舍方法很多,下面介绍两种常用的检验法。

1. Q 检验法

当测定次数 $3 \leqslant n \leqslant 10$ 时，根据所要求的置信度，按照下列步骤，检验可疑数据是否应弃去。

（1）将各数据按递增的顺序排列：$x_1, x_2, \cdots, x_n$。

（2）求出最大值与最小值之差 $x_n - x_1$。

（3）求出可疑数据与其最邻近数据之间的差 $x_n - x_{n-1}$ 或 $x_2 - x_1$。

（4）求出 $Q = (x_n - x_{n-1})/(x_n - x_1)$ 或 $Q = (x_2 - x_1)/(x_n - x_1)$。

（5）根据测定次数和要求的置信度，查表 1-9，得 Q 表。

（6）将 Q 与 $Q_表$ 相比，若 $Q > Q_表$，则舍去可疑值，否则应予保留。

表 1-9　舍弃可疑数据的 Q 值（置信度 90％和 95％）

测定次数	3	4	5	6	7	8	9	10
$Q_{0.90}$	0.94	0.76	0.64	0.56	0.51	0.47	0.44	0.41
$Q_{0.95}$	1.53	1.05	0.86	0.76	0.69	0.64	0.60	0.58

在三个以上数据中，需要对一个以上的数据用 Q 检验法决定取舍时，首先检查相差较大的数。

【例 1-3】　对轴承合金中锑量进行了十次测定，得到下列结果：15.48％，15.51％，15.52％，15.53％，15.52％，15.56％，15.53％，15.54％，15.68％，15.56％，试用 Q 检验法判断有无可疑值需弃去（置信度为 90％）？

解　（1）首先将各数按递增顺序排列：15.48％，15.51％，15.52％，15.52％，15.53％，15.53％，15.54％，15.56％，15.56％，15.68％。

（2）求出最大值与最小值之差：

$$x_n - x_1 = 15.68\% - 15.48\% = 0.20\%$$

（3）求出可疑数据与最邻近数据之差：

$$x_n - x_{n-1} = 15.68\% - 15.56\% = 0.12\%$$

（4）计算 Q 值：

$$Q = (x_n - x_{n-1})/(x_n - x_1) = 0.12\% \div 0.20\% = 0.60$$

（5）查表 1-9，$n = 10$ 时 $Q_表 = 0.41$，$Q > Q_表$，所以最高值 15.68％必须弃去。此时，分析结果的范围为 15.48％～15.56％，$n = 9$

同样，可以检查最低值 15.48％：

$$Q = (15.51\% - 15.48\%)/(15.56\% - 15.48\%) = 0.38$$

查表 1-9，$n = 9$，$Q_表 = 0.44$，$Q < Q_表$，故最低值 15.48％应予保留。

2. $4\bar{d}$ 检验法

对于一些实验数据也可用 $4\bar{d}$ 法判断可疑值的取舍。首先求出可疑值除外的其余数据的平均值 $\bar{x}$ 和平均偏差 $\bar{d}$，然后将可疑值与平均值进行比较，如绝对差值大于 $4\bar{d}$，则可疑值舍去，否则保留。

【例 1-4】　用 EDTA 标准溶液滴定某试液中的 Zn,进行四次平行测定,消耗 EDTA 标准溶液的体积(mL)分别为:26.32,26.40,26.44,26.42,试问 26.32 这个数据是否保留?

解　首先不计可疑值 26.32,求得其余数据的平均值和平均偏差 $\bar{d}$ 为

$$\bar{x} = 26.42 \quad \bar{d} = 0.01$$

可疑值与平均值的绝对差值为

$$|\,26.32 - 26.42\,| = 0.10 > 4\bar{d}(0.04)$$

故 26.32 这一数据应舍去。

用 $4\bar{d}$ 法处理可疑数据的取舍是存有较大误差的,但是,由于这种方法比较简单,不必查表,故至今仍为人们所采用。显然,这种方法只能用于处理一些要求不高的实验数据。

四、定量分析结果的表示方法

分析结果通常表示为试样中某组分的相对量,这就需要考虑组分的表示形式和含量的表示方法。

某种组分在试样中有一定的存在形式,如试样中的氮,可能以铵盐(NH_4^+)、硝酸盐(NO_3^-)、亚硝酸盐(NO_2^-)等形式存在,按理应以其本来的存在形式表示氮的测定结果。但有时组分的存在形式是未知的,或同时以几种形式存在,而测定时难以区别其各种存在形式,这时,结果的表示形式就不一定与存在形式一致。结果的表示形式主要从实际工作的要求和测定方法原理出发来考虑,某些行业也有特殊的或习惯上常用的表示方法。经常采用的表示方法有:

以元素表示:常用于合金和矿物的分析。

以离子表示:常用于电解质溶液的分析。

以氧化物表示:常用于含氧的复杂试样。在这类试样的全分析中,酸性氧化物、碱性氧化物和水(结晶水和结构水)的质量分数总和应是 100%,故用这种表示方法有利于核对分析结果。

以特殊形式表示:有些测定方法是按专业上的需要而拟定的,只能用特殊的形式表示结果。例如"灼烧损失",表示在一定温度下灼烧试样所损失的质量,包括了全部挥发性成分和分解了的有机物;又如监测水被污染的状况用"化学耗氧量"(简称 COD)表示,水中有机物由于微生物作用而进行氧化分解所消耗的溶解氧,作为水中有机污染物含量的指标。

分析结果的表示方法,常用的是被测组分的相对量,如质量分数(ω_B)、体积分数(ϕ_B)和质量浓度(ρ_B)。质量单位可以用 g,也可以用它的分数单位如 mg、μg;体积单位可以用 L,也可以用它的分数单位如 mL、μL。

过去对微量或痕量组分的含量常表示为 ppm 和 ppb,其含义分别是百万分之一(10^{-6})和十亿分之一(10^{-9}),现国际单位制(SI)和我国的法定计量单位中已废除这种表示方法,而应分别表示为 mg/kg 或 mg/L 以及 μg/kg 和 μg/L。

基本知识五 滴定法简介、滴定条件、滴定方式

滴定分析法是将一种已知准确浓度的试剂溶液即标准溶液,通过滴定管滴加到待测组分的溶液中,直到标准溶液和待测组分恰好完全定量反应为止。这时加入标准溶液物质的量与待测组分的物质的量符合反应式的化学计量关系,然后根据标准溶液的浓度和所消耗的体积,算出待测组分的含量。这一类分析方法称为滴定分析法。滴加的溶液称为滴定剂,滴加溶液的操作过程称为滴定。当滴加的标准溶液与待测组分恰好定量反应完全时的一点,称为化学计量点。

通常利用指示剂颜色的突变或仪器测试来判断化学计量点的到达而停止滴定操作的一点称为滴定终点。实际分析操作中滴定终点与理论上的化学计量点常常不能恰好吻合,它们之间往往存在很小的差别,由此而引起的误差称为终点误差。

滴定分析法是分析化学中重要的一类分析方法,它常用于测定含量≥1%的常量组分。此方法快速,简便,准确度高,在生产实际和科学研究中应用非常广泛。

滴定分析法主要包括酸碱滴定法、配位滴定法、氧化还原滴定法及沉淀滴定法等。

一、滴定反应的条件与滴定方式

(一)滴定反应的条件

适用于滴定分析法的化学反应必须具备下列条件:

(1) 反应必须定量地完成。即反应按一定的反应式进行完全,通常要求达到 99.9% 以上,无副反应发生。这是定量计算的基础。

(2) 反应速率要快。对于速率慢的反应,应采取适当措施提高反应速率。

(3) 能用比较简便的方法确定滴定终点。

凡能满足上述要求的反应均可用于滴定分析。

(二)滴定方式

1. 直接滴定法

用标准溶液直接进行滴定,利用指示剂或仪器测试指示化学计量点到达的滴定方式,称为直接滴定法。通过标准溶液的浓度及所消耗滴定剂的体积,计算出待测物质的含量。例如,用 HCl 溶液滴定 NaOH 溶液,用 $K_2Cr_2O_7$ 溶液滴定 Fe^{2+} 等。直接滴定法是最常用和最基本的滴定方式。如果反应不能完全符合上述滴定反应的条件时,可以采用下述几种方式进行滴定。

2. 返滴定法

通常是在待测试液中准确加入适当过量的标准溶液,待反应完全后,再用另一种标准溶液返滴剩余的第一种标准溶液,从而测定待测组分的含量,这种方式称为返滴定法。例

如，Al^{3+} 与乙二胺四乙酸二钠盐（简称 EDTA）溶液反应速率慢，不能直接滴定，常采用返滴定法，即在一定的 pH 条件下，于待测的 Al^{3+} 试液中加入过量的 EDTA 溶液，加热至 $50 \sim 60 \, ^\circ C$，促使反应完全。溶液冷却后加入二甲酚橙指示剂，用标准锌溶液返滴剩余的 EDTA 溶液，从而计算试样中铝的含量。

3. 置换滴定法

此方法是先加入适当的试剂与待测组分定量反应，生成另一种可被滴定的物质，再用标准溶液滴定反应产物，然后由滴定剂消耗量，反应生成的物质与待测组分的关系计算出待测组分的含量，这种方法称为置换滴定法。例如，用 $K_2Cr_2O_7$ 标定 $Na_2S_2O_3$ 溶液的浓度时，是以一定量的 $K_2Cr_2O_7$ 在酸性溶液中与过量 KI 作用，析出相当量的 I_2，以淀粉为指示剂，用 $Na_2S_2O_3$ 溶液滴定析出的 I_2，进而求得 $Na_2S_2O_3$ 溶液的浓度。

4. 间接滴定法

某些待测组分不能直接与滴定剂反应，但可通过其他的化学反应，间接测定其含量。例如，溶液中 Ca^{2+} 没有氧化还原的性质，但利用它与 $C_2O_4^{2-}$ 作用形成 CaC_2O_4 沉淀，过滤后，加入 H_2SO_4 使沉淀物溶解，用 $KMnO_4$ 标准溶液与 $C_2O_4^{2-}$ 作用，采用氧化还原滴定法可间接测定 Ca^{2+} 的含量。

由于返滴定法、置换滴定法、间接滴定法的应用，更加扩展了滴定分析的应用范围。

二、基准物质和标准溶液

（一）基准物质

能用于直接配制或标定标准溶液的物质，称为基准物质。在实际应用中大多数标准溶液是先配制成近似浓度，然后用基准物质来标定其准确的浓度。

基准物质应符合下列要求：

（1）物质必须具有足够的纯度，其纯度要求 $\geqslant 99.9\%$，通常用基准试剂或优级纯物质。

（2）物质的组成（包括其结晶水含量）应与化学式相符合。

（3）试剂性质稳定。

（4）基准物质的摩尔质量应尽可能大，这样称量的相对误差就较小。

能够满足上述要求的物质称为基准物质。在滴定分析法中常用的基准物质有邻苯二甲酸氢钾（$KHC_8H_4O_4$）、$Na_2B_4O_7 \cdot 10H_2O$、无水 Na_2CO_3、$CaCO_3$、金属锌、铜、$K_2Cr_2O_7$、KIO_3、As_2O_3、NaCl 等，如表 1-10 所示。

表 1-10 常用基准物质的干燥条件及其应用

基准物质		干燥后的组成	干燥条件，温度/℃	标定对象
名称	分子式			
碳酸氢钠	$NaHCO_3$	Na_2CO_3	$270 \sim 300$	酸
十水合碳酸钠	$Na_2CO_3 \cdot 10H_2O$	Na_2CO_3	$270 \sim 300$	酸
硼砂	$Na_2B_4O_7 \cdot 10H_2O$	$Na_2B_4O_7 \cdot 10H_2O$	放在装有 NaCl 和蔗糖饱和溶液的密闭器皿中	酸
二水合草酸	$H_2C_2O_4 \cdot 2H_2O$	$H_2C_2O_4 \cdot 2H_2O$	室温空气干燥	碱或 $KMnO_4$

续表

基准物质		干燥后的组成	干燥条件,温度/℃	标定对象
名称	分子式			
邻苯二甲酸氢钾	$KHC_8H_4O_4$	$KHC_8H_4O_4$	110～120	碱
重铬酸钾	$K_2Cr_2O_7$	$K_2Cr_2O_7$	140～150	还原剂
溴酸钾	$KBrO_3$	$KBrO_3$	130	还原剂
碘酸钾	KIO_3	KIO_3	130	还原剂
金属铜	Cu	Cu	室温干燥器中保存	还原剂
三氧化二砷	As_2O_3	As_2O_3	室温干燥器中保存	氧化剂
草酸钠	$Na_2C_2O_4$	$Na_2C_2O_4$	105～110	氧化剂
碳酸钙	$CaCO_3$	$CaCO_3$	110	EDTA
金属锌	Zn	Zn	室温干燥器中保存	EDTA
氧化锌	ZnO	ZnO	900～1000	EDTA
氯化钠	NaCl	NaCl	500～600	$AgNO_3$
氯化钾	KCl	KCl	500～600	$AgNO_3$
硝酸银	$AgNO_3$	$AgNO_3$	220～250	氯化物

（二）标准溶液的配制

配制标准溶液的方法一般有两种,即直接法和间接法。

1. 直接法

准确称取一定量的基准物质,溶解后定量转移入容量瓶中,加蒸馏水稀释至一定刻度,充分摇匀。根据称取基准物的质量和容量瓶的容积,计算其准确浓度。

2. 间接法

对于不符合基准物质条件的试剂,不能直接配制成标准溶液,可采用间接法。即先配制近似于所需浓度的溶液,然后用基准物质或另一种标准溶液来标定它的准确浓度。例如,HCl 易挥发且纯度不高,只能粗略配制成近似浓度的溶液,然后以无水碳酸钠为基准物质,标定 HCl 溶液的准确浓度。

三、标准溶液浓度的表示方法

（一）物质的量及其单位——摩尔

物质的量(n)的单位为摩尔(mol),它是一系统的物质的量,该系统中所包含的基本单元数与 0.012kg ^{12}C 的原子数目相等。

基本单元可以是原子、分子、离子、电子及其他基本粒子,或是这些基本粒子的特定组合。例如,硫酸的基本单元可以是 H_2SO_4,也可以是 $\frac{1}{2}H_2SO_4$,物质的量也就不同。用 H_2SO_4 作基本单元时,98.08g 的 H_2SO_4 即为 1mol,用 $\frac{1}{2}H_2SO_4$ 作基本单元时,98.08g 的 H_2SO_4 则为 2mol,基本单元数是 0.012kg ^{12}C 的原子数目的 2 倍,故 $n\left(\frac{1}{2}H_2SO_4\right)$ 即为 2mol。

物质 B 的物质的量与质量的关系是

$$n_B = \frac{m_B}{M_B}$$

式中　n_B——物质的量；

　　　m_B——物质的质量；

　　　M_B——物质的摩尔质量。

（二）物质的量浓度

标准溶液的浓度通常用物质的量浓度表示。物质的量浓度简称浓度，是指单位体积溶液所含溶质的物质的量。物质 B 的物质的量浓度表达式为

$$c_B = \frac{n_B}{V}$$

式中　c_B——物质的量浓度；

　　　n_B——物质的量；

　　　V——溶液的体积。

溶质的物质的量为

$$n_B = c_B V$$

$$m_B = n_B M_B$$

将两式合并得出溶质的质量为

$$m_B = n_B M_B = c_B V M_B$$

【例 1-5】 已知盐酸的密度为 1.19g/mL，其中 HCl 质量分数为 36%，求每升盐酸中所含有的 n_{HCl} 及盐酸的浓度 c_{HCl} 各为多少（已知 $M_{HCl} = 36.5g/mol$）？

解　取 1L 溶液，即 1000mL，根据式 $c_B = \frac{n_B}{V}$

$$n_B = \frac{m_B}{M_B} = \frac{1.19g/mL \times 1000mL \times 0.36}{36.5g/mol} \approx 12mol$$

$$c_B = \frac{n_B}{V} = \frac{12mol}{1.0L} = 12mol/L$$

（三）滴定度

滴定度是指 1mL 滴定剂溶液相当于待测物质的质量（单位为 g），用 T 待测物/滴定剂表示。滴定度的单位为 g/mL。

在生产实际中，对大批试样进行某组分的例行分析，若用 T 表示很方便，如滴定消耗 V(mL) 标准溶液，则被测物质的质量为

$$M = TV$$

例如，氧化还原滴定分析中，用 $K_2Cr_2O_7$ 标准溶液测定 Fe 的含量时，$T_{Fe/K_2Cr_2O_7} = 0.003489g/mL$，欲测定一试样中的铁含量，消耗滴定剂为 24.75mL，则该试样中含铁的

质量为

$$m = TV = 0.003489\text{g/mL} \times 24.75\text{mL} = 0.08635\text{g}$$

有时滴定度也可用每毫升标准溶液中所含溶质的质量（单位为 g）来表示。例如 $T_{\text{NaOH}} = 0.0040\text{g/mL}$，即每毫升 NaOH 标准溶液中含有 NaOH 0.0040g 这种表示方法在配制专用标准溶液时广泛应用。

四、滴定分析法计算

滴定分析是用标准溶液滴定被测物质的溶液，由于对反应物选取的基本单元不同，可以采用两种不同的计算方法。

假如选取分子、离子或原子作为反应物的基本单元，此时滴定分析结果计算的依据为：当滴定到化学计量点时，它们的物质的量之间关系恰好符合其化学反应所表示的化学计量关系。

（一）待测物的物质的量 n_A 与滴定剂的物质的量 n_B 的关系

在滴定分析法中，设待测物质 A 与滴定剂 B 直接发生作用，则反应式为

$$a\text{A} + b\text{B} = c\text{C} + d\text{D}$$

当达到化学计量点时，$a\text{mol}$ 的 A 物质恰好与 $b\text{mol}$ 的 B 物质作用完全，则 n_A 与 n_B 之比等于它们的化学计量数之比，即

$$n_A : n_B = a : b$$

故

$$n_A = \frac{a}{b} n_B \qquad n_B = \frac{b}{a} n_A$$

例如，酸碱滴定法中，采用基准物质无水 Na_2CO_3 标定 HCl 溶液的浓度时，反应式为

$$2\text{HCl} + \text{Na}_2\text{CO}_3 =\!=\!= 2\text{NaCl} + \text{H}_2\text{CO}_3$$

根据式 $n_A = \frac{a}{b} n_B$ 得到

$$n_{\text{HCl}} = \frac{2}{1} n_{\text{Na}_2\text{CO}_3} = 2 n_{\text{Na}_2\text{CO}_3}$$

待测物溶液的体积为 V_A，浓度为 c_A，到达化学计量点时消耗了浓度为 c_B 的滴定剂的体积为 V_B，则

$$c_A V_A = \frac{a}{b} c_B V_B$$

【例 1-6】 准确移取 25.00mL H_2SO_4 溶液，用 0.09026mol/L NaOH 溶液滴定，到达化学计量点时，消耗 NaOH 溶液的体积为 24.93mL，问 H_2SO_4 溶液的浓度为多少？

解　　　　　　　$$2\text{NaOH} + \text{H}_2\text{SO}_4 =\!=\!= \text{Na}_2\text{SO}_4 + 2\text{H}_2\text{O}$$

由式 $n_A = \frac{a}{b} n_B$ 得到

$$c_{H_2SO_4} V_{H_2SO_4} = \frac{1}{2} c_{NaOH} V_{NaOH}$$

$$c_{H_2SO_4} = \frac{0.09026 mol/L \times 24.93 mL}{2 \times 25.00 mL} = 0.04500 mol/L$$

上述关系式也能用于有关溶液稀释的计算。因为溶液稀释后,浓度虽然降低,但所含溶质的物质的量没有改变。所以配制溶液时,如果是将浓度高的溶液稀释为浓度低的溶液,可采用下式计算:

$$c_1 V_1 = c_2 V_2$$

式中　　c_1、V_1——稀释前某溶液的浓度和体积;

　　　　c_2、V_2——稀释后所需溶液的浓度和体积。

实际应用中,常用基准物质标定溶液的浓度,而基准物往往是固体,因此必须准确称取基准物的质量 m,溶解后再用于标定待测溶液的浓度。

【例 1-7】　准确称取基准物无水 Na_2CO_3 0.1098g,溶于适量水中,采用甲基橙作指示剂,标定 HCl 溶液的浓度,到达化学计量点时,用去 V_{HCl} 20.54mL,计算 c_{HCl} 为多少?(Na_2CO_3 的摩尔质量为 105.99g/mol)

解　滴定反应如下:

$$2HCl + Na_2CO_3 = H_2CO_3 + 2NaCl$$

根据 $c_{HCl} V_{HCl} = \dfrac{2}{1} c_{Na_2CO_3} V_{Na_2CO_3}$

$$c_{HCl} = 2 \times \frac{m_{Na_2CO_3}}{M_{Na_2CO_3} \times V_{HCl}} = \frac{2 \times 0.1098g \times 1000mL}{105.99g/mol \times 20.54mL} = 0.1009 mol/L$$

若滴定反应较为复杂时,应注意从总的反应过程中找出在滴定反应的物质的量之间的关系。

例如用 $K_2Cr_2O_7$ 标定 $Na_2S_2O_3$ 溶液的浓度时,它们之间并不是直接发生滴定反应。在酸性溶液中首先由 $K_2Cr_2O_7$ 与过量的 KI 反应析出 I_2,然后用 $Na_2S_2O_3$ 待标定液为滴定剂,滴定析出的 I_2,从而间接计算 $c_{Na_2S_2O_3}$。

反应式:　　　　　　　$Cr_2O_7^{2-} + 6I^- + 14H^+ = 2Cr^{3+} + 3I_2 + 7H_2O$

滴定反应:　　　　　　　$I_2 + 2S_2O_3^{2-} = 2I^- + S_4O_6^{2-}$

在反应式中,1mol $K_2Cr_2O_7$ 产生 3mol I_2,在滴定反应中,1mol I_2 和 2mol $Na_2S_2O_3$ 反应。由此可知,$K_2Cr_2O_7$ 与 $Na_2S_2O_3$ 是按 1:6 摩尔比反应的,故

$$nNa_2S_2O_3 = 6nK_2Cr_2O_7$$

(二) 待测物含量的计算

若称取试样的质量为 m_s,测得待测物的质量为 m_A,则待测物 A 的质量分数为

$$\omega_A = \frac{m_A}{m_s} \times 100\%$$

由式 $n_A = \dfrac{a}{b} n_B$ 得:$n_A = \dfrac{a}{b} n_B = \dfrac{a}{b} c_B V_B$

根据 $n_A = \dfrac{m_A}{M_A}$

即可求得待测物的质量：$m_A = \dfrac{a}{b}c_B V_B M_A$

则待测物 A 的质量分数为

$$\omega_A = \dfrac{\dfrac{a}{b}c_B V_B M_A}{m_s} \times 100\%$$

上式是滴定分析中计算被测物含量的一般通式。

【例 1-8】 称取工业纯碱试样 0.2648g，用 0.2000mol/L 的 HCl 标准溶液滴定，用甲基橙为指示剂，消耗 V_{HCl} 24.00mL，求纯碱的纯度为多少？（Na_2CO_3 的摩尔质量为 105.99g/mol）

解 $$2HCl + Na_2CO_3 = 2NaCl + H_2CO_3$$

$$n_{Na_2CO_3} = \dfrac{1}{2}n_{HCl}$$

根据式 $\omega_A = \dfrac{\dfrac{a}{b}c_B V_B M_A}{m_s} \times 100\%$ 得出

$$\omega_{Na_2CO_3} = \dfrac{\dfrac{1}{2} \times 0.2000\text{mol/L} \times 24.00 \times 10^{-3}\text{L} \times 105.99\text{g/mol}}{0.2648\text{g}} \times 100\%$$

$$= 96.06\%$$

【例 1-9】 称取铁矿石试样 0.1562g，试样分解后，经预处理使铁呈 Fe^{2+} 状态，用 0.01214mol/L $K_2Cr_2O_7$ 标准溶液滴定，消耗 $K_2Cr_2O_7$ 20.32mL，试计算试样中 Fe 的质量分数为多少？若用 Fe_2O_3 表示，其质量分数为多少？（已知铁的摩尔质量为 55.85g/mol，Fe_2O_3 的摩尔质量为 159.7g/mol）

解 $$Cr_2O_7^{2-} + 6Fe^{2+} + 14H^+ = 2Cr^{3+} + 6Fe^{3+} + 7H_2O$$

$$\omega_{Fe} = \dfrac{6 \times 0.01214\text{mol/L} \times 20.32\text{L} \times 10^{-3} \times 55.85\text{g/mol}}{0.1562\text{g}} \times 100\%$$

$$= 52.92\%$$

$$\omega_{Fe_2O_3} = \dfrac{3 \times 0.01214\text{mol/L} \times 20.32\text{L} \times 10^{-3} \times 159.7\text{g/mol}}{0.1562\text{g}}$$

$$= 75.66\%$$

假如选取分子、离子或这些粒子的某种特定组合作为反应物的基本单元，这时滴定分析结果计算的依据为：滴定到化学计量点时，被测物质的物质的量与标准溶液的物质的量相等。例如，对于质子转移的酸碱反应，根据反应中转移的质子数来确定酸碱的基本单元，即以转移一个质子的特定组合作为反应物的基本单元。例如 H_2SO_4 与 NaOH 之间的反应：

$$2NaOH + H_2SO_4 = Na_2SO_4 + 2H_2O$$

在反应中 NaOH 转移一个质子,因此选取 NaOH 作基本单元,H_2SO_4 转移 2 个质子,选取 $\frac{1}{2}H_2SO_4$ 作基本单元,1mol 酸与 1mol 碱将转移 1mol 质子,参加反应的硫酸和氢氧化钠的物质的量分别为

$$n_{\frac{1}{2}H_2SO_4} = c_{\frac{1}{2}H_2SO_4} \times V_{\frac{1}{2}H_2SO_4}$$

$$n_{NaOH} = c_{NaOH} \times V_{NaOH}$$

由于反应中 H_2SO_4 给出的质子数必定等于 NaOH 接受的质子数,因此根据质子转移数选取基本单元后,就使得酸碱反应到达化学计量点时两反应物的物质的量相等。

$$n_{NaOH} = n_{\frac{1}{2}H_2SO_4}$$

氧化还原反应是电子转移的反应,其反应物基本单元的选取应根据反应中转移的电子数,例如 $KMnO_4$ 与 $Na_2C_2O_4$ 的反应:

$$MnO_4^- + 8H^+ + 5e = Mn^{2+} + 4H_2O$$

$$C_2O_4^{2-} - 2e = 2CO_2$$

反应中 MnO_4^- 得到 5 个电子,$C_2O_4^{2-}$ 失去 2 个电子,因此,应选取 $\frac{1}{5}KMnO_4$ 和 $\frac{1}{2}Na_2C_2O_4$ 分别作为氧化剂和还原剂的基本单元,这样 1mol 氧化剂和 1mol 还原剂反应时就转移 1mol 的电子,由于反应中还原剂给出的电子数和氧化剂所获得的电子数是相等的,因此在化学计量点时氧化剂和还原剂的物质的量也相等。

【例 1-10】 称取 0.1500g $Na_2C_2O_4$ 基准物,溶解后在强酸溶液中用 $KMnO_4$ 溶液滴定,用去 20.00mL,计算该溶液的浓度 $c_{\frac{1}{5}KMnO_4}$(已知铁的摩尔质量为 55.85g/mol)。

解 分别选取 $\frac{1}{5}KMnO_4$、$\frac{1}{2}Na_2C_2O_4$ 作基本单元,反应到达化学计量点时,两反应物的物质的量相等,则

$$n_{\frac{1}{5}KMnO_4} = n_{\frac{1}{2}Na_2C_2O_4}$$

$$n_{\frac{1}{5}KMnO_4} = c_{\frac{1}{5}KMnO_4} \times V_{\frac{1}{5}KMnO_4}$$

$$n_{\frac{1}{2}Na_2C_2O_4} = \frac{m_{Na_2C_2O_4}}{M_{\frac{1}{2}Na_2C_2O_4}}$$

故

$$c_{\frac{1}{5}KMnO_4} \times V_{\frac{1}{5}KMnO_4} = \frac{m_{Na_2C_2O_4}}{M_{\frac{1}{2}Na_2C_2O_4}}$$

$$c_{\frac{1}{5}KMnO_4} = \frac{0.1500g}{20.00L \times 10^{-3} \times \frac{134.0}{2}g/mol} = 0.1119mol/L$$

由上述可知,选择基本单元的标准不同,所列计算式也不相同。总之,如取一个分子或离子作为基本单元,则在列出反应物 A、B 的物质的量 n_A 与 n_B 的数量关系时,要考虑反应式的系数比;若从反应式的系数出发,以分子或离子的某种特定组合为基本单元 $\left(如\frac{1}{2}H_2SO_4,\frac{1}{5}KMnO_4\right)$,则 $n_A = n_B$。

第二部分　学习情境

学习情境一　无腐蚀性产品的分析检测
——工业用水分析

学习目标

（1）掌握工业用水 pH 的多种测定方法与原理。

（2）能熟练测定工业用水的 pH。

（3）掌握工业用水硬度的测定方法与原理。

（4）能准确配制并标定 EDTA 标准溶液。

（5）能熟练测定工业用水的硬度。

（6）掌握工业用水氯离子含量的测定方法与原理。

（7）能准确配制并标定 $AgNO_3$ 标准溶液。

（8）能熟练测定工业用水氯离子含量。

工作任务

学习情境	学习目标	主要任务	授课方法
工业用水分析检测	1. 掌握液体物质的取样方法 2. 掌握工业用水中可能存在的物质 3. 查找相关材料制定分析检测指标 4. 能正确操作使用仪器设备 5. 能准确配制标准溶液 6. 能准确处理分析检测结果 7. 根据国标分析工业用水不合格的原因 8. 工业合格用水生产方法	1. 工业用水 pH 的测定方法原理与操作方法 2. 工业用水硬度的测定方法原理与操作方法 3. 工业用水中氯离子含量的测定	任务驱动法、引导教学法、小组讨论法、录像教学法、演示和讲解法、边学边做

任务一　工业用水 pH 的测定

【知识目标】

（1）掌握工业用水的取样与保存方法。

（2）掌握工业用水 pH 测定的方法与原理。

（3）掌握酸度计的使用与维护。

（4）掌握缓冲溶液的配制方法。

【能力目标】

（1）能正确对工业用水进行取样与保存。

　　(2) 掌握工业用水 pH 测定的方法与原理。

　　(3) 能正确熟练地使用与维护酸度计。

　　(4) 能熟练配制缓冲溶液。

一、测定原理

　　水溶液的 pH 通常是用酸度计进行测定的。以玻璃电极作指示电极,饱和甘汞电极作参比电极,同时插入被测试液之中组成工作电池,该电池可以用下式表示:

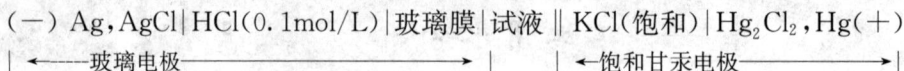

　　(−) Ag, AgCl|HCl(0.1mol/L)|玻璃膜|试液 ‖ KCl(饱和)|Hg_2Cl_2, Hg(+)

　　|←――――玻璃电极――――――――――→|　|　←饱和甘汞电极――――――――|

在一定条件下,工作电池的电动势可表示为

$$E = K' + 0.059pH(25℃)$$

由测得的电动势虽然能算出溶液的 pH,但因上式中的 K' 值是由内、外参比电极的电位以及难于计算的不对称电位和液接电位所决定的常数,实际计算并非易事。因此在实际工作中,当用酸度计测定溶液的 pH 时,经常用已知 pH 的标准缓冲溶液来校正酸度计(也叫"定位")。校正时应选用与被测溶液的 pH 接近的标准缓冲溶液,以减少在测量过程中可能由于液接电位、不对称电位以及温度等变化而引起的误差。校正后的酸度计,可直接测量水或其他低酸碱度溶液的 pH。

二、仪器和试剂

　　1. 仪器

　　PHS-2 型酸度计,玻璃电极与饱和甘汞电极。

　　2. 试剂

　　pH 标准缓冲溶液(25℃):pH4.00(0.05mol/L $KHC_8H_4O_4$ 溶液);pH6.86(0.025mol/L KH_2PO_4 和 0.025mol/L Na_2HPO_4 的混合溶液);pH 9.18(0.01mol/L $Na_2B_4O_7 \cdot 10H_2O$ 溶液)。

三、操作步骤

　　(1) 按照酸度计说明书中的操作方法进行操作。

　　摘去饱和甘汞电极的橡皮帽,并检查内电极是否浸入饱和 KCl 溶液中,如未浸入,应补充饱和 KCl 溶液。安装玻璃电极和饱和甘汞电极,并使饱和甘汞电极稍低于玻璃电极,以防止杯底及搅拌子碰坏玻璃电极薄膜。

　　(2) 将电极和塑料烧杯用水冲洗干净后,用标准缓冲溶液荡洗 1~2 次(电极用滤纸吸干)。

　　(3) 用标准缓冲溶液校正仪器。

　　(4) 用水样将电极和塑料烧杯冲洗 6~8 次后,测量水样。由仪器刻度表上读出 pH。

　　(5) 测量完毕后,将电极和塑料烧杯冲洗干净,妥善保存。

四、数据处理

　　将水质分析结果填至表 2-1 中,并进行相关计算。

表 2-1 水质分析结果报告单

来样单位				
采样日期	年 月 日		分析日期	年 月 日
批号			批量/t	
执行标准				

检测项目	企业指标值	实测结果
pH		
酸碱度		
氯离子含量		
检验结论		

分析人: 复核人:

五、问题思考

(1) 电位法测水溶液 pH 的原理是什么？

(2) 酸度计为什么要用已知 pH 的标准缓冲溶液校正？校正时要注意什么问题？

(3) 玻璃电极在使用之前应如何处理？为什么？

(4) 安装电极时，应注意哪些问题？

(5) 有色溶液或混浊溶液的 pH 是否可以用酸度计测定？

任务二 工业用水酸碱度的测定

【知识目标】

(1) 掌握工业用水的取样与保存方法。

(2) 掌握工业用水酸碱度测定的方法与原理。

(3) 掌握酸碱滴定仪器的使用与维护。

(4) 掌握工业用水酸碱度测定的数据记录与数据处理。

【能力目标】

(1) 能正确对工业用水进行取样与保存。

(2) 能运用工业用水酸碱度测定的方法与原理。

(3) 能正确熟练地使用与维护酸碱度测定的仪器。

(4) 能熟练记录与处理实验数据。

一、盐酸标准溶液的制备（理论、实操）

（一）制备原理

浓盐酸因含有杂质而且易挥发，是非基准物质，因而不能直接配制成标准溶液，溶液的准确浓度需要先配制成近似浓度的溶液，然后用其他基准物质进行标定。常用于标定酸溶液的基准物质有：碳酸钠（Na_2CO_3）或硼砂（$Na_2B_4O_7 \cdot 10H_2O$）。用碳酸钠（Na_2CO_3）标定 HCl 溶液反应方程式为

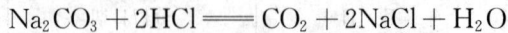

$$Na_2CO_3 + 2HCl \rlap{=\joinrel=} CO_2 + 2NaCl + H_2O$$

由反应式可知，1mol HCl 正好与 1mol(1/2 Na_2CO_3)完全反应。由于生成的 H_2CO_3 是弱酸，在室温下，其饱和溶液浓度约为 0.04mol/L，等量点时 pH 约为 4，故可用甲基红作指示剂。

（二）仪器和试剂

1. 仪器

台秤，分析天平，量筒（10mL）1 支，酸式滴定管（50mL）1 支，锥形瓶（250mL）4 个，带玻璃塞和胶塞的 500mL 试剂瓶各 1 个，容量瓶（250mL）1 个。

2. 试剂

浓 HCl（密度 1.18～1.19g/L），无水 Na_2CO_3（分析纯），0.2％甲基橙水溶液，0.2％甲基红乙醇溶液。

（三）操作步骤

1. 溶液的配制

0.1mol/L HCl 溶液的配制：用洁净的 10mL 量筒量取浓盐酸 4.5mL，倒入事先已加入少量蒸馏水的 500mL 洁净的试剂瓶中，用蒸馏水稀释至 500mL，盖上玻璃塞，摇匀，贴好标签。

标签上写明：试剂名称、浓度、配制日期、专业、姓名。

2. 标定

0.1mol/L HCl 溶液的标定：准确称取无水 Na_2CO_3 0.2～0.3g 于锥形瓶中，加 30mL蒸馏水溶解；或者是用移液管将已知准确浓度的碳酸钠标准溶液 25.00mL 移入锥形瓶中。再往锥形瓶中加入甲基红溶液 1～2 滴，用配制的 HCl 溶液滴定至溶液刚刚由黄色变为橙色即为终点，记录所消耗 HCl 溶液的体积。平行测定 3 份。每次装液必须在零刻度线附近。

（四）数据处理

根据下式计算 HCl 溶液浓度：

$$c_{HCl} = m_{Na_2CO_3} / V_{HCl} \times M_{\frac{1}{2}Na_2CO_3}$$

式中　$m_{Na_2CO_3}$——参与反应的碳酸钠的质量，g；

　　　V_{HCl}——滴定时消耗 HCl 溶液的体积，mL；

　　　$M_{\frac{1}{2}Na_2CO_3}$——基本单元 1/2Na_2CO_3 的摩尔质量，g/mol；

　　　c_{HCl}——所求 HCl 标准溶液的准确浓度，mol/L。

将实验中测得的有关数据填入表 2-2 中。

表 2-2　HCl 溶液的标定

指示剂：

测定次数	一	二	三	备注
参与反应所用碳酸钠的质量/g				
参与反应所用碳酸钠的物质的量/mol				
消耗 HCl 溶液体积 V/mL				
HCl 溶液浓度 c_{HCl}/(mol/L)				
HCl 溶液平均浓度/(mol/L)				

（五）注意要点

（1）能用于直接配制标准溶液或标定溶液浓度的物质，称为基准物质或基准试剂。它应具备以下条件：组成与化学式完全相符、纯度足够高、储存稳定、参与反应时按反应式定量进行。

（2）平行测定三次，每次滴定前都要把酸、碱滴定管装至零刻度附近。

（六）问题思考

（1）为什么 HCl 标准溶液都不能用直接法配制？

（2）滴定管在装溶液前为什么要用此溶液润洗？用于滴定的锥形瓶或烧杯是否也要润洗，为什么？

（3）基准物质称完后，需加 30mL 水溶解，水的体积是否要准确量取，为什么？

二、氢氧化钠标准溶液的制备

（一）制备原理

氢氧化钠因易吸收空气中水分和 CO_2，是非基准物质，因而不能直接配置成标准溶液，溶液的准确浓度需要先配制成近似浓度的溶液，然后用其他基准物质进行标定。常用于标定碱溶液的基准物质有：邻苯二甲酸氢钾（$KHC_8H_4O_4$）。

用 $KHC_8H_4O_4$ 标定 NaOH 溶液，反应方程式为

$$\text{（苯环）}\begin{matrix} COOK \\ COOH \end{matrix} + NaOH == \text{（苯环）}\begin{matrix} COOK \\ COONa \end{matrix} + H_2O$$

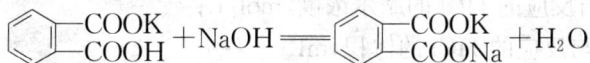

由反应可知，1mol $KHC_8H_4O_4$ 和 1mol NaOH 完全反应，达等量点时，溶液呈碱性，pH 为 9，可选用酚酞作指示剂。

通常我们也可采用已知浓度的 HCl（NaOH）标准溶液来标定未知浓度的 NaOH（HCl）溶液。终点产物为 NaCl，pH 7，选用甲基橙或酚酞作指示剂均可。本实验采用该方法测定 NaOH 溶液的浓度。

（二）仪器和试剂

1. 仪器

台秤，分析天平，量筒（10mL）1 支，碱式滴定管（50mL）1 支，锥形瓶（250mL）4 个，带玻璃塞和胶塞的 500mL 试剂瓶各 1 个，容量瓶（250mL）1 个。

2. 试剂

固体 NaOH(分析纯)或 50%的 NaOH 溶液,邻苯二甲酸氢钾(分析纯),0.2%甲基橙水溶液,0.2%甲基红乙醇溶液,0.2%酚酞乙醇溶液。

(三)操作步骤

1. 溶液的配制

0.1mol/L NaOH 溶液的配制:用天平称取固体 NaOH 2g 于烧杯中,蒸馏水溶解稀释到 500mL,倒入试剂瓶。或者用洁净的 10mL 量筒量取 4.0mL 50%的 NaOH 上清液,倒入 500mL 洁净的试剂瓶中,用蒸馏水稀释至 500mL,盖上橡胶塞,摇匀,贴好标签。标签上写明:试剂名称、浓度、配制日期、专业、姓名。

2. 标定

0.1mol/L NaOH 溶液的标定:用 $KHC_8H_4O_4$ 标定,用分析天平准确称取 $KHC_8H_4O_4$ 0.4~0.5g 3 份于 3 个锥形瓶中,分别用水溶解,各加 1~2 滴酚酞指示剂,用配制好的氢氧化钠分别滴定记录数据,或者将已标定好的自己配制的 HCl 溶液,准确地从滴定管中放出 20.00mL 在干净的锥形瓶中,然后再加入 1~2 滴酚酞溶液,用自己配制的 NaOH 溶液滴定至粉红色,0.5min 内不退色即为终点,记录消耗掉的 NaOH 溶液的体积(mL)。平行测定 3 份。每次装液必须在零刻度线附近。

(四)数据处理

根据下式计算 NaOH 溶液浓度:

$$c_{NaOH} = m_{KHC_8H_4O_4} / V_{NaOH} \times M_{KHC_8H_4O_4}$$

式中　$m_{KHC_8H_4O_4}$——参与反应的 $KHC_8H_4O_4$ 的质量,g;

　　　V_{NaOH}——滴定时消耗 NaOH 溶液的体积,mL;

　　　$M_{KHC_8H_4O_4}$——$KHC_8H_4O_4$ 的摩尔质量,g/mol;

　　　c_{NaOH}——所求 NaOH 标准溶液的准确浓度,mol/L。

或者　　　　　　　　　　　$c_{NaOH} = c_{HCl} \cdot V_{HCl} / V_{NaOH}$

式中　c_{HCl}——参与反应的 HCl 的摩尔浓度,mol/L;

　　　V_{HCl}——参与反应的 HCl 的体积,mL;

　　　V_{NaOH}——滴定时消耗 NaOH 溶液的体积,mL;

　　　c_{NaOH}——所求 NaOH 标准溶液的准确浓度,mol/L。

将实验中测得的有关数据填入表 2-3 中,并进行相关计算。

表 2-3　NaOH 溶液的标定

指示剂:

测定次数	一	二	三	备注
参与反应所用 $KHC_8H_4O_4$ 的质量/g				
参与反应所用 $KHC_8H_4O_4$ 的摩尔数/mol				
消耗 NaOH 溶液体积 V/mL				
NaOH 溶液浓度 c_{HCl}/(mol/L)				
NaOH 溶液平均浓度/(mol/L)				

（五）注意要点

（1）能用于直接配制标准溶液或标定溶液浓度的物质，称为基准物质或基准试剂。它应具备以下条件：组成与化学式完全相符、纯度足够高、储存稳定、参与反应时按反应式定量进行。

（2）固体 NaOH 易吸收空气中的 CO_2，使 NaOH 表面形成一薄层碳酸盐，实验室配制不含 CO_3^{2-} 的 NaOH 溶液一般有两种方法：

① 以少量蒸馏水洗涤固体 NaOH，除去表面生成的碳酸盐后，将 NaOH 固体溶解于加热至沸点并冷至室温的蒸馏水中。

② 利用 Na_2CO_3 在浓 NaOH 溶液中溶解下降的性质，配制近于饱和的 NaOH 溶液，静置，让 Na_2CO_3 沉淀析出后，吸取上层澄清溶液，即为不含 CO_3^{2-} 的 NaOH 溶液。

（3）平行测定三次，每次滴定前都要把酸、碱滴定管装至零刻度附近。

（六）问题思考

（1）为什么 NaOH 标准溶液都不能用直接法配制？

（2）滴定管在装溶液前为什么要用此溶液润洗？用于滴定的锥形瓶或烧杯是否也要润洗，为什么？

三、酚酞碱度测定

（一）测定原理

用酸碱中和滴定法测定总碱量，反应产物为 NaCl 和 H_2CO_3，选用酚酞作指示剂，用标准 HCl 溶液滴定至溶液由红色变无色，即为终点。

（二）仪器和试剂

1. 仪器
微量酸式滴定管（25mL）1 支，锥形瓶（250mL）4 个，移液管（50mL）1 支。
2. 试剂
酚酞指示剂：0.1%，标准 HCl 溶液：0.1mol/L。

（三）操作步骤

（1）量取 100.0mL 澄清水样，注入 250mL 锥形瓶中。
（2）加入 2 滴酚酞指示剂。
（3）用 0.1mol/L 标准 HCl 溶液滴定至溶液由红色变无色，记下标准 HCl 溶液用量 V（mL）。

（四）数据处理

$$总碱度 = c \times V / 0.1$$

式中　c——标准 HCl 溶液浓度；

　　　V——标准 HCl 溶液用量，mL。

四、全碱度测定

（一）测定原理

用酸碱中和滴定法测定总碱量,反应产物为 NaCl 和 H_2CO_3,选用甲基橙作指示剂,用标准 HCl 溶液滴定至溶液由黄色变橙色,即为终点。

（二）仪器和试剂

1. 仪器

微量酸式滴定管(25mL)1 支,锥形瓶(250mL)4 个,移液管(50mL)1 支。

2. 试剂

甲基橙指示剂:0.1%,　标准 HCl 溶液:0.1mol/L。

（三）操作步骤

(1) 量取 100.0mL 澄清水样,注入 250mL 锥形瓶中。

(2) 加入 2 滴甲基橙指示剂。

(3) 用 0.1mol/L 标准 HCl 溶液滴定至溶液由黄色变橙色,记下标准 HCl 溶液用量 V(mL)。

（四）数据处理

$$总碱度 = c \times V / 0.1$$

式中　c——标准 HCl 溶液浓度;

　　　V——标准 HCl 溶液用量,mL。

水质分析结果填入表 2-4 中。将实验中测得的有关数据填入表 2-4 中,并进行相关计算。

表 2-4　水质分析结果报告单

来样单位				
采样日期	年　月　日		分析日期	年　月　日
批号			批量/t	
执行标准				
检测项目	企业指标值			实测结果
pH				
酸碱度				
氯离子含量				
检验结论				

分析人:　　　　复核人:

任务三　工业用水硬度的测定

【知识目标】

(1) 掌握 EDTA 标准溶液的配制和标定方法。

(2) 学会判断配位滴定的终点。

（3）了解缓冲溶液的应用。

（4）掌握配位滴定的基本原理、方法和计算。

（5）掌握铬黑 T、钙指示剂的使用条件和终点变化。

（6）进一步掌握滴定分析基本仪器的使用和维护。

【能力目标】

（1）能熟练配制和标定 EDTA 标准溶液。

（2）能熟练判断配位滴定的终点。

（3）能正确使用缓冲溶液。

（4）能准确及时记录实验数据并熟练进行配位滴定数据处理。

（5）能熟练使用铬黑 T、钙指示剂判断终点变化。

（6）能熟练使用和维护滴定分析基本仪器。

一、测定原理

测定自来水的硬度，一般采用络合滴定法，用 EDTA 标准溶液滴定水中的 Ca^{2+}、Mg^{2+} 总量，然后换算为相应的硬度单位。

用 EDTA 滴定 Ca^{2+}、Mg^{2+} 总量时，一般是在 pH 10 的氨性缓冲溶液进行，用 EBT（铬黑 T）作指示剂。化学计量点前，Ca^{2+}、Mg^{2+} 和 EBT 生成紫红色络合物，当用 EDTA 溶液滴定至化学计量点时，游离出指示剂，溶液呈现纯蓝色。

由于 EBT 与 Mg^{2+} 显色灵敏度高，与 Ca^{2+} 显色灵敏度低，所以当水样中 Mg^{2+} 含量较低时，用 EBT 作指示剂往往得不到敏锐的终点。这时可在 EDTA 标准溶液中加入适量的 Mg^{2+}（标定前加入 Mg^{2+} 对终点没有影响）或者在缓冲溶液中加入一定量 Mg^{2+}-EDTA 盐，利用置换滴定法的原理来提高终点变色的敏锐性，也可采用酸性铬蓝 K-萘酚绿 B 混合指示剂，此时终点颜色由紫红色变为蓝绿色。

滴定时，Fe^{3+}、Al^{3+} 等干扰离子，用三乙醇胺掩蔽；Cu^{2+}、Pb^{2+}、Zn^{2+} 等重金属离子则可用 KCN、Na_2S 或硫基乙酸等掩蔽。

本实验以 $CaCO_3$ 的质量浓度（mg/L）表示水的硬度。我国生活饮用水规定，总硬度以 $CaCO_3$ 计，不得超过 450mg/L。

计算公式：$\omega_{CaCO_3} = \dfrac{c_{EDTA} \times V_{EDTA}}{V_{水}} \times 100.09 (mg/L)$

式中　ω_{CaCO_3}——水的硬度，mg/L；

c_{EDTA}——EDTA 的浓度；

V_{EDTA}——EDTA 的体积；

100.09——$CaCO_3$ 的质量。

二、仪器和试剂

1. 仪器

分析天平，小烧杯（100mL）3 个，表面皿 3 个，容量瓶（250mL）4 个，移液管（25mL）4 支，移液管（50mL）1 支，锥形瓶（250mL）4 个，酸式滴定管（50mL）1 支。

2. 试剂

(1) EDTA 标准溶液(0.01mol/L)：称取 2g 乙二胺四乙酸二钠盐($Na_2H_2Y \cdot 2H_2O$) 于 250mL 烧杯中，用水溶解稀释至 500mL。如溶液需保存，最好将溶液储存在聚乙烯塑料瓶中。

(2) 氨性缓冲溶液(pH 10)：称取 20g NH_4Cl 固体溶解于水中，加 100mL 浓氨水，用水稀释至 1L。

(3) 铬黑 T(EBT)溶液(5g/L)：称取 0.5g 铬黑 T，加入 25mL 三乙醇胺、75mL 乙醇。

(4) Na_2S 溶液(20g/L)。

(5) 三乙醇氨溶液(1+4)。

(6) 盐酸(1+1)。

(7) 氨水(1+2)。

(8) 甲基红：1g/L 60%的乙醇溶液。

(9) 镁溶液：$1gMgSO_4 \cdot 7H_2O$ 溶解于水中，稀释至 200mL。

(10) $CaCO_3$ 基准试剂：120℃干燥 2h。

(11) 金属锌(99.99%)：取适量锌片或锌粒置于小烧杯中，用 0.1mol/LHCl 清洗 1min，以除去表面的氧化物，再用自来水和蒸馏水洗净，将水沥干，放入干燥箱中 100℃烘干(不要过分烘烤)，冷却。

三、操作步骤

1. EDTA 的标定

标定 EDTA 的基准物较多，常用纯 $CaCO_3$，也可用纯金属锌标定，其方法如下：

(1) 金属锌为基准物质：准确称取 0.17～0.20g 金属锌置于 100mL 烧杯中，加入 1+1 HCl 5mL，立即盖上干净的表面皿，待反应完全后，用水吹洗表面皿及烧杯壁，将溶液转入 250mL 容量瓶中，用水稀释至刻度，摇匀。

用移液管平行移取 25.00mL Zn^{2+} 的标准溶液 3 份分别于 250mL 锥形瓶中，加甲基红 1 滴，滴加(1+2)的氨水至溶液呈现为黄色，再加蒸馏水 25mL，氨性缓冲溶液 10mL，摇匀，加 EBT 指示剂 2～3 滴，摇匀，用 EDTA 溶液滴至溶液由紫红色变为纯蓝色即为终点。计算 EDTA 溶液的准确浓度。

(2) $CaCO_3$ 为基准物质：准确称取 $CaCO_3$ 0.2～0.25g 于烧杯中，先用少量的水润湿，盖上干净的表面皿，滴加 1+1 HCl 10mL，加热溶解。溶解后用少量水洗表面皿及烧杯壁，冷却后，将溶液定量转移至 250mL 容量瓶中，用水稀释至刻度，摇匀。

用移液管平行移取 25.00mL 标准溶液 3 份分别加入 250mL 锥形瓶中，加 1 滴甲基红指示剂，用(1+2)氨水溶液调至溶液由红色变为淡黄色，加 20mL 水及 5mLMg^{2+} 溶液，再加入 pH 10 的氨性缓冲溶液由红色变为纯蓝色即为终点，计算 EDTA 溶液的准确浓度。

2. 自来水样的分析

打开水龙头，先放数分钟，用已洗净的试剂瓶承接水样 500～1000mL，盖好瓶塞备用。

移取适量的水样(一般为 50～100mL，视水的硬度而定)，加入三乙醇胺 3mL，氨性缓冲溶液 5mL，EBT 指示剂 2～3 滴，立即用 EDTA 标准溶液滴至溶液由红色变为纯蓝色即为终点。平行 3 份,计算水的总硬度,以 $CaCO_3$ 表示。

四、数据处理

将 EDTA 的标定数据填写在表 2-5 中,将水硬度测定数据填写在表 2-6 中,并分别进行数据处理。

表 2-5 EDTA 的标定用表

待标定溶液名称		基准物名称			
天平编号		滴定管编号			
项目 \ 测定次数	1	2	3		备用
基准物称量 取样前称量瓶质量/g					
基准物称量 取样后称量瓶质量/g					
基准物称量 基准物质量/g					
滴定管初读数/mL					
终点时滴定管读数/mL					
滴定管体积校正值/mL					
溶液温度/℃					
温度补正值/(mL/L)					
溶液体积温度校正值/mL					
实际消耗 EDTA 标准溶液体积/mL					
空白实验消耗 EDTA 标准溶液体积/mL					
EDTA 标准溶液浓度 c_{EDTA}/(mol/L)					
平均值 c_{EDTA}/(mol/L)					
极差的相对值/%					
备注					

表 2-6 水硬度测定用表

天平编号		滴定管编号			
项目 \ 测定次数	1	2	3		备用
试液称量 取样前滴瓶质量/g					
试液称量 取样后滴瓶质量/g					
试液称量 试液质量/g					
滴定管初读数/mL					
终点时滴定管读数/mL					
滴定管体积校正值/mL					
溶液温度/℃					
温度补正值/(mL/L)					
溶液体积温度校正值/mL					
实际消耗 EDTA 标准溶液体积/mL					
空白实验消耗 EDTA 标准溶液体积/mL					
EDTA 标准溶液浓度 c_{EDTA}/(mol/L)					
ω_{CaCO_3}					
ω_{CaCO_3} 平均值					
极差的相对值/%					
备注					

任务四　工业用水中氯离子含量的测定

【知识目标】

(1) 掌握硝酸银标准溶液的配制和标定方法。

(2) 学会判断配位滴定的终点。

(3) 了解缓冲溶液的应用。

(4) 掌握用莫尔法测定氯离子的方法和原理。

(5) 掌握铬酸钾指示剂的使用条件和终点变化。

(6) 进一步掌握前面学过的仪器。

【能力目标】

(1) 能熟练配制和标定硝酸银标准溶液。

(2) 能熟练判断配位滴定的终点。

(3) 能正确使用缓冲溶液。

(4) 能准确及时记录实验数据并熟练进行沉淀滴定数据处理。

(5) 能熟练使用铬酸钾指示剂判断终点变化。

(6) 能熟练使用滴定分析基本仪器。

一、测定原理

银量法常用于生活用水、工业用水、环境水、药品、食品及某些可溶性氯化物中氯含量的测定。此法是在中性或弱碱性溶液中,以 K_2CrO_4 为指示剂,用 $AgNO_3$ 标准溶液进行滴定。由于 AgCl 的溶解度比 Ag_2CrO_4 的小,因此溶液中首先析出 AgCl 沉淀,当 AgCl 定量析出后,过量一滴 $AgNO_3$ 溶液即与 CrO_4^{2-} 生成砖红色 Ag_2CrO_4 沉淀,表示达到终点。主要反应式为

$$Ag^+ + Cl^- === AgCl\downarrow（白色）\qquad K_{sp} = 1.8 \times 10^{-10}$$

$$Ag^+ + CrO_4^{2-} === Ag_2CrO_4\downarrow（砖红色）\qquad K_{sp} = 2.0 \times 10^{-12}$$

滴定必须在中性或弱碱性溶液中进行,最适宜 pH 范围为 6.5～10.5,酸度过高,不产生 Ag_2CrO_4 沉淀,过低,则形成 Ag_2O 沉淀。

二、仪器和试剂

1. 仪器

酸式滴定管(50mL,棕色),容量瓶,移液管,量筒,锥形瓶,烧杯,干燥器。

2. 试剂

NaCl 基准试剂:在 500～600℃灼烧 0.5h 后,放置干燥器中冷却,也可将 NaCl 置于带盖的瓷坩埚中,加热,并不断搅拌,待爆炸声停止后,将坩埚放入干燥器中冷却后使用;$AgNO_3$ 0.1mol/L:溶解 8.5g $AgNO_3$ 于 500mL 不含 Cl^- 的蒸馏水中,将溶液转入棕色试剂瓶中,置暗处保存,以防止见光分解;5%的 K_2CrO_4 溶液。

三、操作步骤

1. AgNO₃ 溶液的标定

准确称取 0.5~0.65g 基准 NaCl，置于小烧杯中，用蒸馏水溶解后，转入 100mL 容量瓶中，加水稀释至刻度，摇匀。准确移取 25.00mL NaCl 标准溶液注入锥形瓶中，加入 25mL 水，加入 1mL 5%K₂CrO₄ 溶液，在不断摇动下，用 AgNO₃ 溶液滴定至呈现砖红色即为蒸馏终点。

2. 试样分析

用移液管准确量取 100.0mL 水样于锥形瓶中，加入 1mL 5%K₂CrO₄ 指示剂，在不断摇动下，用 AgNO₃ 标准溶液滴定至呈现微砖红色即为终点。平行测定 3 份，计算水样中微量氯的平均含量。

四、数据处理

将标定和测定数据记录在表 2-7 和表 2-8 中，并进行数据处理。

表 2-7 硝酸银溶液的标定

次数项目	1	2	3
m_1（NaCl＋称量瓶）/g			
m_2（NaCl＋称量瓶）/g			
m_{NaCl}/g			
初读数 $V_{1,AgNO_3}$ /mL			
终读数 $V_{2,AgNO_3}$ /mL			
V_{AgNO_3} /mL			
c_{AgNO_3} /(mol/mL)			
$\bar{c}_{AgNO_3}$ /(mol/mL)			
相对平均偏差/%			

表 2-8 氯化物中氯的测定

次数项目	1	2	3
$V_{1水样}$ /mL			
初读数 $V_{1,AgNO_3}$ /mL			
终读数 $V_{2,AgNO_3}$ /mL			
V_{AgNO_3} /mL			
w_{Cl}/%			
$\overline{w}_{Cl}$/%			
相对平均偏差/%			

五、注意事项

（1）荧光黄指示剂配成淀粉溶液，是因为淀粉溶液有保护胶体的作用，可以减免

AgCl 沉淀的聚集,有利于吸附。

(2) 本实验测定氯离子的方法中,溶液酸度的控制是关键。

(3) 指示剂用量大小对测定有影响,必须定量加入。溶液较稀时,须做指示剂的空白校正,方法如下:取 1mL K_2CrO_4 指示剂溶液,加入适量水,然后加入无 Cl^- 的 $CaCO_3$ 固体(相当于滴定时 AgCl 的沉淀量),制成相似于实际滴定的浑浊溶液。逐渐滴入 $AgNO_3$,至与终点颜色相同为止,记录读数,从滴定试液所消耗的 $AgNO_3$ 体积中扣除此读数。

(4) 沉淀滴定中,为减少沉淀对被测离子的吸附,一般滴定的体积以大些为好,故须加水稀释试液。

(5) 银为贵金属,含 AgCl 的废液应回收处理。

六、问题思考

(1) $AgNO_3$ 标准溶液应装在酸式滴定管还是碱式滴定管中?为什么?

(2) 配制 $AgNO_3$ 标准溶液的容器用自来水洗后,若不用蒸馏水洗,而直接用来配制 $AgNO_3$ 标准溶液,将会出现什么现象?为什么会出现该现象?

(3) 配制好的 $AgNO_3$ 溶液要储于棕色瓶中,并置于暗处,为什么?

(4) 莫尔法测氯时,为什么溶液的 pH 须控制在 6.5~10.5?

理论知识一

一、工业用水基本信息

(一) 水中的杂质与水质

水是分布最广的自然资源,也是人类环境的重要组成部分。水是一种良好的溶剂,在自然界的循环过程中与一些物质相接触时,或多或少地溶解了一些杂质,我们把水及其所含的杂质共同表现的综合特性称为水质。

天然水中的杂质主要分为两大类,即悬浮杂质和溶解杂质。悬浮在水中的无机物包括少量沙土和煤灰;有机悬浮物包括有机物的残渣及各种微生物。溶解在水中的气体包括来自空气中的氧气、二氧化碳、氮气和工业排放的气体污染物如氨、硫氧化物、氮氧化物、硫化氢、氯气等;溶解在水中的无机盐类主要有碳酸钙、碳酸氢钙、硫酸钙、氯化钙以及相应的镁盐、钠盐、钾盐、铁盐、锰盐和其他金属盐,溶解的有机物,主要是动植物分解的产物。

(二) 水中杂质的危害

1. 水中溶解的气体对水质的影响

水中溶解的氧气不仅会引起金属的化学腐蚀,还会导致危害更大的电化学腐蚀;溶于水的二氧化碳对水的 pH 产生影响,含 CO_2 多的水显酸性,会导致金属设备的腐蚀;氨在潮湿空气中或含氧水中会引起铜和铜合金的腐蚀。氨与铜离子能形成稳定的配合物而降低铜的氧化还原电极电位,使铜易被氧化腐蚀,导致铜质工业设备的损坏;溶于水的二氧化硫和硫化氢都使水显酸性,硫离子能强烈的促进金属的腐蚀,其危害更大;硫化氢有强还原性,会与水中的氧化性杀菌剂或铬酸盐等强氧化性缓释剂反应而使它们失效。

2. 水中溶解的无机盐类的影响

从自然界得到的水都溶有一定量的可溶性钙盐和镁盐,含可溶性钙盐、镁盐较多的水称为硬水。根据所含钙盐、镁盐种类的不同,又分为暂时硬水和永久硬水。硬水中的碳酸氢钙和碳酸氢镁,在煮沸过程中会转变成碳酸盐沉淀析出,此硬水称为暂时硬水。硬水中钙、镁的硫酸盐、氯化物,在煮沸时不会沉淀析出,故称该硬水为永久硬水。含钙、镁离子较少或不含钙、镁离子的水称为软水。硬水对肥皂和合成洗涤剂的洗涤性能影响很大。硬水也不适合作锅炉用水,它容易产生水垢,使锅炉热效率降低,甚至引起爆炸。

Fe^{3+}都是以氢氧化铁胶体形式悬浮于水中,会相互作用凝聚沉积在锅炉金属表面形成难以去除的锈垢,并引发金属进一步腐蚀。而溶在水中Fe^{2+}的含量过多会引起铁细菌的滋生。Fe^{2+}与磷酸根离子结合形成的磷酸亚铁是黏着性很强的污垢,而且能加快碳酸钙沉淀的结晶速度。

铜离子在水中含量一般不高,但它对金属腐蚀有明显影响。

水体中对人体有害的金属离子主要有汞、镉、铬、铅、砷等重金属离子。

Cl^-易于吸附在金属表面,并渗入金属表面氧化膜保护层内部,而导致腐蚀。此外,OH^-、CO_3^{2-}、HCO_3^-等与钙、镁离子一样都是成垢离子。

此外,油污水中的油污,二氧化硅水中溶解少量以硅酸或可溶性硅酸盐形式存在的二氧化硅,对水质的影响也不小。

(三)水质分析

1. 水质分析

水的质量好坏的技术指标称为水质指标,它包括水的物理指标、化学指标及生物指标。水质分析是根据水质指标和水质标准,用其要求的分析技术对水中杂质进行的分析。水质分析是工业分析和环境分析等的重要组成部分。水质的优劣,直接影响工业产品的质量和设备的使用,直接影响农作物的生长及质量,关系到人类的健康和整个生态的平衡等。因此,对生活饮用水、工农业用水等各种用途的水都必须进行水质分析。在实际水质分析中,应根据水的来源及用途,选择水质指标项目、水质标准,并按标准规定的分析方法进行分析。

2. 水质标准

水质标准是水质指标要求达到的合格范围,是对生活饮用水、工农业用水等各种用途的水中污染物质的最高容许浓度或限量阈值的具体限制和要求,是水的物理、化学和生物学的质量标准。

不同用途对水质有不同的要求。对饮用水主要考虑对人体健康的影响;对工业用水则应考虑是否影响产品质量或易于损害容器及管道,其水质标准中多数无微生物限制。工业用水的要求也因行业特点或用途的不同而不同。例如,锅炉用水要求悬浮物、氧气、二氧化碳含量要少,硬度要低;纺织工业用水要求硬度要低,铁离子、锰离子含量要极少;化学工业中氯乙烯的聚合反应要在不含任何杂质的水中进行。我国蒸汽锅炉和汽水两用锅炉的给水,一般应采用锅外化学处理,其水质应符合表2-9的规定。

表 2-9　蒸汽锅炉和汽水两用锅炉的给水、锅水对水质指标的规定(GB 1576—2001)

项　目		给　水			锅　水		
额定蒸汽压力/MPa		≤1.0	>1.0 ≤1.6	>1.6 ≤2.5	≤1.0	>1.0 ≤1.6	>1.6 ≤2.5
悬浮物浓度/(mg/L)		≤5	≤5	≤5			
总硬度/(mmol/L)		≤0.03	≤0.03	≤0.03			
总碱度/(mmol/L)	无过热器	—	—	—	6~26	6~24	6~16
	有过热器					≤14	≤12
pH(25℃)		≥7	≥7	≥7	10~12	10~12	10~12
溶解氧浓度/(mg/L)		≤0.1	≤0.1	≤0.05			
溶解固形物浓度(mg/L)	无过热器	—	—	—	<4 000	<3 500	<3 000
	有过热器					<3000	<2500
SO_3^{2-} 浓度/(mg/L)						10~30	10~30
PO_4^{3-} 浓度/(mg/L)						10~30	10~30
相对碱度(游离 NaOH/溶解固形物)						<0.2	<0.2
含油量/(mg/L)		≤2	≤2	≤2			
含铁量/(mg/L)		≤0.3	≤0.3	≤0.3			

二、水样的采集和保存

（一）水样的采集

采样量根据测定项目的多少而定，一般采集 2~3L 为宜。若测定苯并芘等项目，则需采集 10L 水样。

1. 采样器和采样方法

1）玻璃瓶和聚乙烯瓶

采样前先将容器洗净，采样时用水样冲洗 3 次，再将水样采集于瓶中。采集自来水和带有抽水设备的井水时，应先放几分钟再采集。而采集江、河、水库等地面水样时，可将采样器浸入水中液面下 20~30cm 处，然后打开瓶塞，使水进入瓶中。

2）单层采样器

单层采样器适用于采集水流较平稳的深层水样，其结构如图 2-1 所示。是一个装在金属框内用绳子吊起的玻璃采样瓶，框底有一铅锤，以增加质量，瓶口配有橡皮塞，以软绳系牢，绳上标有高度，当采样时，将其沉降至所需深度，上提提绳打开瓶塞，当水充满采样瓶后提出。

3）急流采样器

急流采样器适用于采集流量大、水流急的水样，其结构如图 2-2 所示。将一根长钢管固定在铁框上，管内装一根橡胶管，橡胶管上部用夹子夹紧，下部与瓶塞上的短玻璃管相连，瓶塞上另有一长玻璃管通至采样瓶近底处。采样前塞紧橡胶塞，然后将采样器垂直沉至要求的水深处，打开上部橡胶管夹，水样即沿长玻璃管流入样品瓶中，瓶内空气由短玻璃管沿橡胶管排出。由于它是与空气隔绝的，所以采集的水样也可用于测定水中溶解性气体。

4）双层采样器

双层采样器适用于采集溶解性气体水样，其结构如图2-3所示。采样时，将采样器沉至要求的水深处，打开上部的橡皮管夹，水样进入小瓶并将空气驱入大瓶，从连接大瓶短玻璃管排出，直到大瓶中充满水样，提出水面后迅速密封。

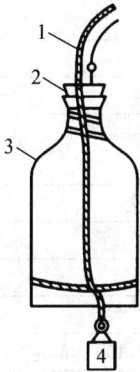

图 2-1　单层采样器
1.绳子；2.带绳的橡胶塞；
3.采样瓶；4.铅锤

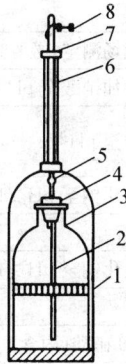

图 2-2　急流采样器
1.铁框；2.长玻璃管；3.采样瓶；
4.橡胶管；5.短玻璃管；6.钢管；
7.橡胶管；8.夹子

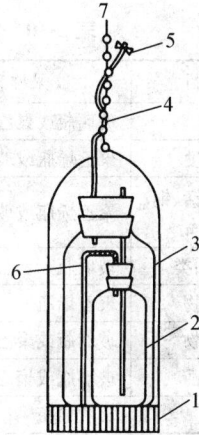

图 2-3　双层采样器
1.带重锤的铁框；2.小瓶；3.大
瓶；4.橡胶管；5.夹子；6.塑料
管；7.绳子

此外，还有直立式采水器、塑料手摇采样器、电动采样器及自动采样器等。

2．水样采集的时间间隔

各种工业废水都含有一定的污染物质，其浓度和排放量与工艺、操作时间及开工率不同而有很大的差异。采样时间和频率取决于排污情况和分析要求。

一般，工业废水的采样时间应尽可能选择在开工率、运转时间及设备等正常状况时，并且至少以调查一个操作口作为一个变化单位。在生产和废水排放周期内，应根据废水排放的具体情况来确定时间间隔。

（二）水样的保存

由于水样内存在各种物理、化学、生物的作用，因而常发生各种变化。因此，采样和分析间隔要尽可能缩短。对于不能尽快分析的水样，应根据不同的测定项目，采取适宜的保存方法。常用的水样保存方法有以下几种：

1．冷藏法和冷冻法

冷藏温度一般是 $2\sim5℃$ ，冷冻温度为 $-20℃$ ，以抑制微生物活动，减缓物理挥发和化学反应速率。

2．加入化学试剂法

根据待测水样的测定项目，在水样中加入适当的试剂，如生物抑制剂、酸、碱、氧化剂或还原剂等，以避免待测组分在存放过程中发生变化。例如，加酸保存，可防止重金属离子水解沉淀和抑制细菌对一些测定项目的影响。加碱可防止氰化物等组分的挥发。当水样的 pH 低时,六价铬易被还原,不应在酸性溶液而应在接近中性或弱碱性(pH 7～9)溶液中保存。加入氧化剂或还原剂,可抑制氧化还原反应和生化作用。可见,在实际中应根据水样的组成、物理性质、化学性质等合理选择其保存方法。常见水质分析项目对存放水样容器的要求和水样保存方法见表 2-10。

表 2-10　常见水质分析项目对存放水样容器的要求和保存方法

项　目	采样容器	保存方法
pH	玻璃瓶或聚乙烯瓶	最好现场测定,必要时 4℃保存,6h 测定
总硬度	聚乙烯瓶或玻璃瓶	必要时加硝酸至 pH<2
金属(铁、锰、铜、锌、镉、铅)	聚乙烯瓶或玻璃瓶	加硝酸至 pH<2
挥发酚类	玻璃瓶	加氢氧化钠至 pH≥12,4℃保存,24h 内测定
氟化物	聚乙烯瓶	4℃保存
氰化物	玻璃瓶或聚乙烯瓶	加氢氧化钠至 pH≥12,4℃保存,24h 内测定
砷、硒	玻璃瓶或聚乙烯瓶	—
汞	聚乙烯瓶	加 1+9 硝酸(内含重铬酸钾 50g/L)pH<2,10d 内测定
铬(VI)	内壁无磨损的玻璃瓶	加氢氧化钠至 pH7～9,尽快测定
细菌总数	消毒玻璃瓶	在 4h 内检验
总大肠菌群	消毒玻璃瓶	在 4h 内检验
余氯	玻璃瓶	现场测定
氨氮	玻璃瓶或聚乙烯瓶	每 1L 水样加 0.8mL 硫酸,4℃保存,24h 内测定
亚硝酸盐氮	玻璃瓶或聚乙烯瓶	4℃保存,尽快分析
硝酸盐氮	璃瓶或聚乙烯瓶	每 1L 水样加 0.8mL 硫酸,4℃保存,24h 内测定
耗氧量	玻璃瓶	每 1L 水样加 0.8mL 硫酸,4℃保存,24h 内测定
氯化物	玻璃瓶或聚乙烯瓶	—
硫酸盐	玻璃瓶或聚乙烯瓶	—
碘化物	玻璃瓶或聚乙烯瓶	24h 测定
苯并(a)芘	玻璃瓶(棕色)	

注:(1) 未注明保存方法的项目表示水样不需要特殊处理。
(2) 测硒用的聚乙烯瓶必须用盐酸(1+1)或硝酸(1+1)溶液浸泡 4h 以上,再用纯水清洗干净。

三、水的物理指标的分析

(一) 矿化度的测定

矿化度是指水中所含无机矿物成分的总量,用于评价水中总含盐量。一般用于天然水的测定,但不适用于污染严重、组成复杂的水样。测定矿化度方法有重量法,电导法,阴、阳离子加和法,离子交换法及密度计法等,较简单而通用的是重量法。对无污染水样,测得的矿化度与该水样在 103～105℃时烘干的总可滤残渣量值相近。

1. 测定方法

水样经过滤去除悬浮物及沉降性固体物,放入已恒重的蒸发皿中,在水浴上蒸干并用过氧化氢去除有机物,再在 105～110℃下烘干至恒重,蒸发皿增加的质量即为矿化度。

　　取用清洁的玻璃砂芯坩埚或中速定量滤纸过滤的水样 50mL，放入烘干至恒重的蒸发皿中，在水浴上蒸干。若残渣有色，滴加过氧化氢数滴，再蒸干，反复多次，直至残渣变为白色或颜色稳定为止。将蒸发皿于 105～110℃烘箱中烘至恒重(约 2h)，称量，记录其质量(g)。

　　2. 数据处理

　　水的矿化度可用下式计算：

$$\rho = \frac{m - m_0}{V} \times 10^6$$

式中　ρ——水的矿化度，mg/L；

　　　　m——蒸发皿及残渣质量，g；

　　　　m_0——蒸发皿质量，g；

　　　　V——水样体积，mL。

　　3. 注意要点

　　使用过氧化物宜少量多次，每次使残渣润湿即可，处理至残渣变白为止。有铁存在时，残渣呈黄色，不退色时停止处理。清亮水样不必过滤。

(二) 电导率的测定

　　电导率是电阻率的倒数，是电极截面积为 1cm²、两电极间距离为 1cm 时溶液的电导。电导率的国际制单位是 S/m，在水质分析中常用(μS/cm)表示。

　　水溶液的电导率取决于电解质的性质、浓度、溶液的温度和黏度等。一般情况下，溶液的电导率是指 25℃时的电导率。不同类型的水其电导率不同。电导率常用于间接测定水中离子的总浓度或含盐量。

　　1. 测定原理

　　由于水中含有各种溶解性盐类，并以离子的形式存在。当水中插入一对电极，并通电后，在电场的作用下，带电的离子做定向移动，水中的阴离子移向阳极，阳离子移向阴极，使水溶液起导电作用，水的导电能力的强弱程度称为电导(G)。电导率随温度变化而变化，温度每升高 1℃，电导率增加约 2%，通常规定 25℃为测定电导率的标准温度。若温度不是 25℃，必须进行温度校正，其经验公式为

$$K_t = K_S[1 + a(t - 25)]$$

式中　K_t——温度 t 时的电导率；

　　　　K_S——25℃下的电导率；

　　　　t——温度；

　　　　a——各种离子电导率的平均温度系数，定为 0.022。

　　2. 电导率仪及其使用

　　电导率常用电导率仪测定。电导率仪由电导池系统和测量仪器组成。电导池是盛放或发送被测溶液的仪器，电导池中装有电导电极和感温元件，电导电极分片状光亮和镀铂黑的铂电极及 U 形铂电极，每一电极有各自的电导常数。

　　(1) 常用的电导率仪 DDS-11 型电导率仪，面板如图 2-4 所示。是实验室广泛使用的

电导率仪之一，其测量范围为 $0\sim105\mu S/cm$，分 12 个量程，可用于测定一般液体和高纯水的电导率。下面以 DDS-11A 型电导率仪为例来说明其使用方法。

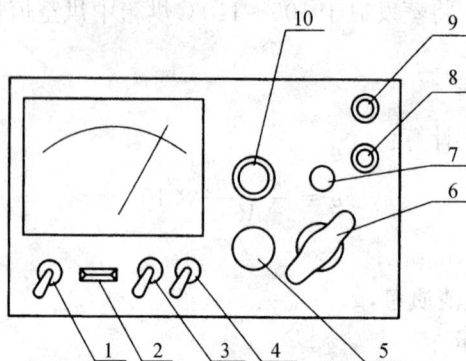

图 2-4　DDS-11A 型电导率仪的面板图

1. 电源开关；2. 指示灯；3. 高、低频开关；4. 校正测量开关；5. 量程开关；6. 电容补偿；7. 电极插口；8. 输出插口；9. 校正调节；10. 电极常数调节

① 观察表针是否指零，若不指零，可调节表头的螺丝，使表针指零。

② 根据电极选用原则，选好电极并插入电极插口。各类电极要注意调节好配套电极常数。将校正、测量开关拨在"校正"位置。

③ 接通电源后，打开电源开关，此时指示灯亮。预热数分钟，待指针完全稳定后，调节校正调节器，使指针指向满刻度。

④ 根据待测液电导率的大致范围选用低频或高频，并将高频、低频开关拨向所选位置。

⑤ 将量程选择开关拨到测量所需范围。若不知电导率的大小，则由最大挡逐挡降到合适范围，以防表针打弯。

⑥ 倾倒电池中电导水，将电导池和电极用少量待测液洗涤 2~3 次，再将电极浸入待测液中并恒温。

⑦ 将校正、测量开关拨向"测量"，这时表头上的指示读数乘以量程开关的倍率，即为待测液的实际电导率。

⑧ 当用 $0\sim0.1\mu S/cm$ 或 $0\sim0.3\mu S/cm$ 这两挡测量高纯水时，在电极未浸入溶液前，调节电容补偿调节器，使表头指示为最小值（此最小值是电极铂片间的漏阻，由于此漏阻的存在，使调节电容补偿调节器时表头指针不能达到零点），然后开始测量。

⑨ 10mV 的输出可以接到自动平衡记录仪或进行计算机采集。

（2）使用注意事项：

① 测定一系列待测溶液的电导率时，应按浓度由小到大的顺序测定。

② 高纯水应迅速测量，否则空气中 CO_2 溶入水中转变为 CO_3^{2-}，使电导率迅速增加。

③ 对于电导率不同的体系，应采用不同的电极。

④ 盛待测溶液的容器必须清洁，无离子玷污。

⑤ 清洗电极后，要用滤纸吸干，电极要轻拿轻放，切勿损伤电极。

四、金属化合物的测定

（一）水的硬度的测定

1. 水的硬度

含有较多钙、镁金属化合物的水称为硬水。水中这些金属化合物的含量则称为硬度。水的硬度是反映水中钙、镁特性的一种质量指标。可分为暂时硬度和永久硬度。水中含有碳酸氢钙、碳酸氢镁的量叫碳酸盐硬度。由于将水煮沸时，这些盐可分解成碳酸盐沉淀析出，故又称之为暂时硬度。水中含有的钙、镁的硫酸盐及氯化物的量叫非碳酸盐硬度，因为用煮沸方法不能除掉这些盐，故又称为永久硬度。水的暂时硬度和永久硬度的总和（即钙、镁的总量）称为总硬度。

2. 测定方法

实际上根据测得的水的硬度可以判断水质，常用测定水的硬度的方法有 EDTA 滴定法和原子吸收分光光度法。

（1）EDTA 滴定法（GB 7477—1987）。本标准方法适用于地下水和地面水中钙和镁的总量的测定，不适用于含盐量高的水（如海水）的测定，测定的最低浓度为 0.05mmol/L。测定钙离子在 pH 12~13 时，用钙-羧酸作指示剂。测定镁离子在 pH 10 时，用铬黑T 作指示剂。

（2）原子吸收分光光度法（GB 11905—1989）。本标准方法适用于地下水、地面水和废水中钙、镁的测定，其测定范围及最低检出浓度见表 2-11。

表 2-11　测定范围及最低检出浓度

检测元素	最低检出浓度/(mg/L)	测定范围/(mg/L)
钙	0.02	0.1~6.0
镁	0.002	0.01~0.6

将试液喷入火焰中，使钙、镁原子化，在火焰中形成的基态原子对特征谱线产生选择性吸收。选用 422.7nm 共振线的吸收测定钙，用 285.2nm 共振线的吸收测定镁。由测得的试样吸光度和标准溶液的吸光度进行比较，确定试样中被测元素的浓度。

原子吸收法测定钙镁的主要干扰有铝、硫酸盐、磷酸盐及硅酸盐等，它们能抑制钙、镁的原子化，产生干扰，可加入锶、镧或其他释放剂消除干扰。

火焰条件直接影响测定的灵敏度，必须选择合适的乙炔量和火焰高度。试样需检查是否有背景吸收，如有背景吸收应予以校正。

（二）汞的测定

汞及其化合物属于剧毒物质，特别是有机汞化合物，由食物链进入人体，引起全身中毒。

汞的测定方法有硫氰酸盐法、双硫腙法、EDTA 配位滴定法、重量分析法、阳极溶出伏安法、气相色谱法、中子活化法、X 射线荧光光谱法、冷原子吸收法、冷原子荧光法等。

本节简单介绍冷原子吸收法和双硫腙分光光度法。

1. 冷原子吸收法(GB 7468—1987)

在硫酸-硝酸介质及加热条件下,用高锰酸钾和过硫酸钾溶液将水样消解,或在 20℃以上室温、0.6~2mol/L 的酸性介质中用溴酸钾和溴化钾混合溶液消解,使试样中的汞化合物全部转化为二价汞,用盐酸羟胺还原多余的氧化剂,再用氯化亚锡将二价汞还原成金属汞。利用汞易挥发的特性,在室温下通入空气将其气化载入冷原子吸收测汞仪,测量特征波长为(253.7nm)光的吸光度,与汞标准溶液的吸光度进行比较定量。

本方法适用于各种水体中汞的测定,其检测浓度范围为 0.1~0.5g/L。

2. 双硫腙分光光度法(GB 7469—1987)

水样于 95℃,在酸性介质中用高锰酸钾和过硫酸钾消解。将无机汞和有机汞转变为二价汞;用盐酸羟胺还原过剩的氧化剂,加入双硫腙溶液,与汞离子生成橙红色螯合物,用三氯甲烷或四氯化碳萃取,再用碱溶液洗去过量的双硫腙,于特征波长(485nm)处测其吸光度,以标准曲线法定量。

该方法适用于生活污水、工业废水和受汞污染的地表水中汞的测定,检测浓度范围为 2~40g/L。

注意:汞是极毒物质,双硫腙汞的三氯甲烷溶液请勿丢弃,应加入硫酸破坏有色物,并与其他杂质一起随水相分离后,用氧化钙中和残存于三氯甲烷中的硫酸并去除水分,将三氯甲烷重蒸回收,而反复利用。含汞废液可加入氢氧化钠溶液中和至呈微碱性,再于搅拌下加入硫化钠溶液至氢氧化物完全沉淀,沉淀物予以回收。

(三)铅的测定

铅是可在人体和动植物组织中蓄积的有毒金属,其主要毒性效应是导致贫血症、神经机能失调和肾损伤等。铅对水生生物的安全浓度为 0.16mg/L。铅的测定方法有原子吸收分光光度法、双硫腙分光光度法和阳极溶出伏安法或示波极谱法。以下简单介绍双硫腙分光光度法。

1. 测定方法(GB 7470—1987)

在 pH 8.5~9.5 的氨性柠檬酸盐-氰化钠的还原性介质中,铅离子与双硫腙反应生成红色螯合物,用三氯甲烷(或四氯化碳)萃取后,于 510nm 处测定吸光度,求出水样中铅含量。

方法的检测浓度范围(取 100mL 水样,1cm 吸收池时)为 0.01~0.3mg/L,适用于地表水和污水中痕量铅的测定。

2. 注意要点

(1)水样中的氧化性物质易氧化双硫腙,可在氨性介质中加入盐酸羟胺去除。

(2)在 pH 8~9 时,Bi^{3+}、Sn^{2+} 等干扰测定。一般先在 pH 2~3 时用双硫腙三氯甲烷萃取除去,同时除去铜、汞、银等离子。

(3)可用柠檬酸盐配位掩蔽钙、镁、铝、铁、铬等,以防止生成氢氧化物沉淀。

(4)氰化钾可掩蔽铜、锌、镍、钴等离子。

（四）铬的测定

铬是生物体所必需的微量元素之一，是水质污染控制的一项重要指标。铬化合物的常见价态有三价和六价。六价铬具有强毒性，为致癌物质，并易被人体吸收而在体内蓄积。铬的工业污染主要来源于铬矿石加工、金属表面处理、皮革鞣制、印染、照相材料等行业的废水。

铬的测定可采用原子吸收分光光度法、二苯碳酰二肼分光光度法、等离子发射光谱法和硫酸亚铁铵滴定法。

1. 六价铬的测定方法

在酸性介质中，六价铬与二苯碳酰二肼(DPC)反应，生成紫红色配合物，于 540nm 波长处测其吸光度，求出水样中六价铬的含量。

本方法适用于地表水和工业废水中六价铬的测定，方法的检测浓度范围（50mL 水样，1cm 吸收池）为 0.004～1mg/L。

注意：

（1）氧化性物质（如次氯酸盐）干扰测定，可用尿素和亚硝酸钠去除。

（2）二价铁、亚硫酸盐、硫代硫酸盐等还原性物质干扰测定加显色剂、酸化后显色。

（3）浑浊、色度较深的水样，在 pH 8～9 的条件下，以 $Zn(OH)_2$ 作共沉淀剂，此时 Cr^{3+}、Fe^{3+}、Cu^{2+} 均形成氢氧化物沉淀而与水样中六价铬分离。

（4）水样中的有机物干扰测定，可用酸性 $KMnO_4$ 氧化去除。

（5）显色酸度一般控制在 0.05～0.3mol/L$\left(\frac{1}{2}H_2SO_4\right)$，0.2mol/L 最好。

2. 总铬的测定方法

用过量的高锰酸钾将水样中的三价铬氧化成六价铬，过量的高锰酸钾用亚硝酸钠分解，过量的亚硝酸钠用尿素分解，再加入二苯碳酰二肼与六价铬反应生成紫红色配合物，于 540nm 波长处测定吸光度，求出水样中六价铬的含量。

本方法适用于地表水和工业废水的测定，方法的检测浓度范围（50mL 水样，1cm 吸收池）为 0.004～1mg/L。

注意：清洁地表水可直接用高锰酸钾氧化后测定；水样中含大量有机物时，要用硝酸-硫酸消解。

五、非金属无机物的测定

水体中非金属无机物的监测项目有酸碱度、pH、溶解氧、氟化物、氰化物、含氮化合物、硫化物等。本节主要介绍酸碱度、溶解氧、氟化物的测定。

（一）pH 的测定方法

pH 是溶液中氢离子有效浓度的负对数，可间接地表示水的酸碱性。当水体受到酸碱污染后，pH 就会发生变化，所以 pH 的测定是水质分析中最重要的检验项目之一。天然水的 pH 多在 6～9；饮用水 pH 要求在 6.5～8.5；某些工业用水的 pH 必须保持在 7.0～8.5，以防止金属设备和管道被腐蚀。

pH 的测定通常采用电位法。此法适用范围较广,水的颜色、浊度、胶体物质、氧化剂、还原剂及较高含盐量均不干扰测定,且准确度较高。

(二)碱度的测定方法

水中碱度是指水中含有能接受质子(H^+)的物质的量。

水中能接受质子的物质很多,例如,氢氧根离子、碳酸盐、碳酸氢盐、磷酸盐、磷酸氢盐、硅酸盐、硅酸氢盐、亚硫酸盐、亚硫酸氢盐和氨等都是水中常见的能接受质子的物质。

通常碱度(JD)可分为理论碱度(JD)$_理$和操作碱度(JD)$_操$。操作碱度又分为酚酞碱度(JD)$_酚$和全碱度(JD)$_全$。理论碱度定义为

$$(JD)_理 = [HCO_3^-] + 2[CO_3^{2-}] + [OH^-] - [H^+]$$

碱度的测定有指示剂滴定法和 pH 电位滴定法,常用的是指示剂滴定法。酚酞碱度是以酚酞作指示剂测得的碱度,全碱度是以甲基橙(或甲基红-亚甲基蓝)作指示剂测得的碱度。

1. 酚酞碱度的测定方法

酚酞碱度是以酚酞为指示剂,用酸标准滴定溶液滴定后计算所得的含量。滴定反应终点(酚酞变色点)pH 8.3。滴定中发生下列反应。

(1) OH^- 的反应　　　　　　$OH^- + H^+ \Longrightarrow H_2O$

酚酞变色时,OH^- 与 H^+ 完全反应。

(2) CO_3^{2-} 的反应　　　　　　$CO_3^{2-} + H^+ \Longrightarrow HCO_3^-$

酚酞变色时,CO_3^{2-} 几乎全部生成 HCO_3^-。

(3) PO_4^{3-} 的反应　　　　　　$PO_4^{3-} + H^+ \Longrightarrow HPO_4^{2-}$

酚酞碱度的测定步骤如下:取 100mL 透明水样置于锥形瓶中,加入 2~3 滴 1‰酚酞指示液。用 0.05000mol/L 或 0.1000mol/L 氢离子的硫酸标准滴定溶液滴定至恰无色。记下硫酸消耗的体积 a。

$$(JD)_{酚酞} = \frac{c_{H^+} a \times 1000}{V}$$

式中　(JD)$_{酚酞}$——酚酞碱度,mmol/L;

$\qquad c_{H^+}$——硫酸标准滴定溶液的氢离子浓度,mol/L;

$\qquad a$——硫酸标准滴定溶液消耗的体积,mL;

$\qquad V$——所取水样的体积,mL。

2. 全碱度的测定方法

全碱度是以甲基橙为指示剂,用酸标准滴定溶液滴定后计算所得的含量。滴定反应终点(甲基橙变色点)pH 4.2。滴定中发生下列反应。

(1) OH^- 的反应　　　　　　$OH^- + H^+ \Longrightarrow H_2O$

甲基橙变色时,OH^- 与 H^+ 完全反应。

(2) CO_3^{2-} 的反应　　　　　　$CO_3^{2-} + 2H^+ \Longrightarrow H_2CO_3$

甲基橙变色时，CO_3^{2-} 全部反应完毕。

（3）PO_4^{3-} 的反应　　　　　　$PO_4^{3-} + 2H^+ \Longrightarrow H_2PO_4^-$

总碱度测定步骤如下：取 100mL 透明水样置于锥形瓶中，加入 2 滴甲基橙指示剂。用 0.05000mol/L 或 0.1000mol/L 氢离子的硫酸标准滴定溶液滴定至橙黄色。记下硫酸消耗的体积 b。

$$(JD)_{总} = \frac{c_{H^+} b \times 1000}{V}$$

式中　（JD）$_总$——总碱度，mmol/L；

　　　c_{H^+}——硫酸标准滴定溶液的氢离子浓度，mol/L；

　　　b——硫酸标准滴定溶液消耗的体积，mL；

　　　V——所取水样的体积，mL。

必须指出的是，有些资料将酚酞碱度称为甲基橙碱度，这时总碱度为酚酞碱度与甲基橙碱度之和。

（三）酸度的测定

水的酸度是指水中那些能放出质子的物质的含量。

水中能放出质子的物质主要有游离二氧化碳（在水中以 H_2CO_3 形式存在）、HCO_3^-、HPO_4^{2-} 和有机酸等。

水的酸度的测定方法，即选用酚酞指示剂，用强碱标准滴定溶液来进行滴定。根据强碱标准滴定溶液所消耗的量即可计算出水中能放出质子的物质的含量。

理论知识二

一、酸碱平衡的理论基础

（一）酸碱质子理论

1923 年，布朗斯特（Bronsted）在酸碱电离理论的基础上，提出了酸碱质子理论。酸碱质子理论认为：凡是能给出质子 H^+ 的物质是酸；凡是能接受质子的物质是碱。当某种酸 HA 失去质子后形成酸根 A^-，它自然对质子具有一定的亲和力，故 A^- 是碱。由于一个质子的转移，HA 与 A^- 形成一对能互相转化的酸碱，称为共轭酸碱对，这种关系用下式表示：

$$HA \Longrightarrow H^+ + A^-$$
$$\text{酸} \quad \text{质子} \quad \text{碱}$$

例如　　　　　　　$HOAc \Longrightarrow H^+ + OAc^-$

　　　　　　　　　$HCl \Longrightarrow H^+ + Cl^-$

　　　　　　　　　$HSO_4^- \Longrightarrow H^+ + SO_4^{2-}$

　　　　　　　　　$HCO_3^- \Longrightarrow H^+ + CO_3^{2-}$

　　　　　　　　　$H_2C_2O_4 \Longrightarrow H^+ + HC_2O_4^-$

$$H_2PO_4^- \rightleftharpoons H^+ + HPO_4^{2-}$$
$$NH_4^+ \rightleftharpoons H^+ + NH_3$$

上式各共轭酸碱对的质子得失反应,称为酸碱半反应。与氧化还原反应中的半电子反应相类似,酸碱半反应在溶液中是不能单独进行的。当一种酸给出质子时,溶液中必定有一种碱接受质子。例如,HOAc 在水溶液中解离时,溶剂水就是接受质子的碱,两个酸碱对相互作用而达平衡。反应式为

半反应1　　　　$HOAc \rightleftharpoons H^+ + OAc^-$
半反应2　　　$H_2O + H^+ \rightleftharpoons H_3O^+$

总反应　　　$HOAc + H_2O \rightleftharpoons H_3O^+ + OAc^-$
　　　　　　酸₁　　碱₂　　　酸₂　　　碱₁
　　　　　　　　共轭　
　　　　　　　共轭

同样地,碱在水溶液中接受质子的过程也必须有溶剂分子参加。如 NH₃ 与水的反应为

半反应1　　$NH_3 + H^+ \rightleftharpoons NH_4^+$
半反应2　　$H_2O \rightleftharpoons H^+ + OH^-$

总反应　　$NH_3 + H_2O \rightleftharpoons OH^- + NH_4^+$
　　　　　　　共轭　
　　　　　　　共轭

在上述两个酸碱对相互作用而达的平衡中,H_2O 分子起的作用不相同,在后一个平衡中,溶剂水起了酸的作用。

按照酸碱质子理论,酸碱可以是阳离子、阴离子,也可以是中性分子。同一种物质,在某一条件下可能是酸,在另一条件下可能是碱,这主要取决于它们对质子亲和力的相对大小。

例如,HCO_3^- 在 $HCO_3\text{-}HCO_3^-$ 体系中表现为碱,而在 $HCO_3^-\text{-}CO_3^{2-}$ 体系中却表现为酸。这种既可以给出质子表现为酸,又可以接受质子表现为碱的物质,称为两性物质。

由 HOAc 与 H_2O 的相互作用和 NH₃ 与 H_2O 的相互作用可知,水也是一种两性物质,通常称之为两性溶剂。水分子之间也可以发生质子的转移作用,如下式:

$$H_2O + H_2O \rightleftharpoons H_3O^+ + OH^-$$
　　　　　共轭　
　　　　共轭

这种在溶剂分子之间发生的质子传递作用,称为溶剂水的质子自递反应,反应的平衡常数称为水的质子自递常数 K_w。

$$K_w = [H_3O^+][OH^-]$$

$$K_w = 10^{-14}(25℃)$$

在水溶液中,水合质子用 H_3O^+ 表示,但为了简便起见,通常写成 H^+。所以 K_w 的表示式可以简写为

$$K_w = [H^+][OH^-]$$

根据酸碱质子理论,酸碱中和反应、盐的水解等,其实质也是一种质子的转移过程。例如 HCl 与 NH_3 的中和反应:

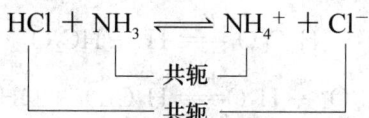

可见,酸碱质子理论揭示了各类酸碱反应共同的实质。

（二）酸碱解离平衡

根据酸碱质子理论,当酸或碱加入溶剂后,就发生质子的转移过程,并产生相应的共轭碱或共轭酸。例如,HOAc 在水中发生解离反应:

$$HOAc + H_2O \rightleftharpoons H_3O^+ + OAc^-$$

酸解离平衡常数用 K_a 表示。这里,

$$K_a = \frac{[H^+][OAc^-]}{[HOAc]} \qquad K_a = 1.8 \times 10^{-5}$$

HOAc 的共轭碱 OAc^- 的解离常数 K_b 为

$$OAc^- + H_2O \rightleftharpoons HOAc + OH^-$$

$$K_b = \frac{[HOAc][OH^-]}{[OAc^-]}$$

显然,一元共轭酸碱对的 K_a 和 K_b 有如下关系:

$$K_a \times K_b = \frac{[H^+][OAc^-]}{[HOAc]} \times \frac{[HOAc][OH^-]}{[OAc^-]}$$
$$= [H^+][OH^-] = K_w$$
$$= 10^{-14}(25℃)$$

【例 2-1】　已知 NH_3 的 $K_b = 1.8 \times 10^{-5}$,求 NH_3 的共轭酸 NH_4^+ 的 K_a 为多少?

　解　NH_3 的共轭酸为 NH_4^+,它与 H_2O 的反应:

$$NH_4^+ + H_2O \rightleftharpoons H_3O^+ + NH_3$$

$$K_a = \frac{K_w}{K_b} = \frac{10^{-14}}{1.8 \times 10^{-5}} = 5.6 \times 10^{-10}$$

酸碱的强弱取决于酸碱本身给出质子或接受质子能力的强弱。物质给出质子的能力越强,其酸性就越强;反之就越弱。同样地,物质接受质子的能力越强,其碱性就越强;反之就越弱。酸碱的解离常数 K_a、K_b 的大小,可以定量地说明酸或碱的强弱程度。

在共轭酸碱对中,如果酸越易给出质子,酸性越强,则其共轭碱对质子的亲和力越弱,就不容易接受质子,其碱性就越弱。如 $HClO_4$、H_2SO_4、HCl、HNO_3 都是强酸,它们在水溶液中给出质子的能力很强,$K_a \gg 1$,但它们相应的共轭碱几乎没有能力从 H_2O 中取得质子转化为共轭酸,K_b 小到无法测出。这些共轭碱都是极弱的碱。而 NH_4^+、HS^- 的 K_a 分别为 5.6×10^{-10}、7.1×10^{-15},是弱酸,它们的共轭碱 NH_3 是较强的碱,S^{2-} 则是强碱。

对于多元酸,它们在水溶液中是分级解离的,存在多个共轭酸碱对,这些共轭酸碱对的 K_a 和 K_b 之间也有一定的对应关系。例如,二元酸 $H_2C_2O_4$ 分两步解离:

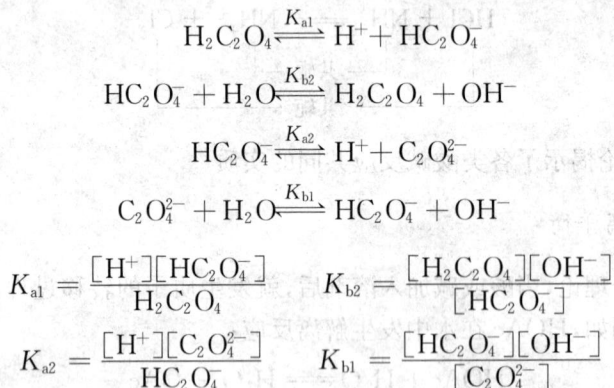

$$H_2C_2O_4 \xrightleftharpoons{K_{a1}} H^+ + HC_2O_4^-$$

$$HC_2O_4^- + H_2O \xrightleftharpoons{K_{b2}} H_2C_2O_4 + OH^-$$

$$HC_2O_4^- \xrightleftharpoons{K_{a2}} H^+ + C_2O_4^{2-}$$

$$C_2O_4^{2-} + H_2O \xrightleftharpoons{K_{b1}} HC_2O_4^- + OH^-$$

$$K_{a1} = \frac{[H^+][HC_2O_4^-]}{H_2C_2O_4} \qquad K_{b2} = \frac{[H_2C_2O_4][OH^-]}{[HC_2O_4^-]}$$

$$K_{a2} = \frac{[H^+][C_2O_4^{2-}]}{HC_2O_4^-} \qquad K_{b1} = \frac{[HC_2O_4^-][OH^-]}{[C_2O_4^{2-}]}$$

由上述平衡可得

$$K_{a1} \cdot K_{b2} = K_{a2} \cdot K_{b1} = [H^+][OH^-] = K_w$$

对于三元酸,同样可得到如下关系:

$$K_{a1} \cdot K_{b3} = K_{a2} \cdot K_{b2} = K_{a3} \cdot K_{b1} = [H^+][OH^-] = K_w$$

【例 2-2】 试求 HPO_4^{2-} 的共轭碱 PO_4^{3-} 的 K_{b1} 为多少?
已知 $K_{a1} = 7.6 \times 10^{-2}$,$K_{a2} = 6.3 \times 10^{-8}$,$K_{a3} = 4.4 \times 10^{-13}$。

解 $$PO_4^{3-} + H_2O \xrightleftharpoons{K_{b1}} HPO_4^{2-} + OH^-$$

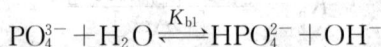

根据式 $K_{b1} \cdot K_{a3} = K_w$

$$K_{b1} = \frac{K_w}{K_{a3}} = \frac{10^{-14}}{4.4 \times 10^{-13}} = 2.3 \times 10^{-2}$$

【例 2-3】 比较同浓度的 NH_3、CO_3^{2-} 和 HPO_4^{2-} 的碱性强弱及它们的共轭酸的酸性强弱。

解 已知 NH_3 的 $K_b = 1.8 \times 10^{-5}$。NH_3 的共轭酸 NH_4^+,其

$$K_a = \frac{K_w}{K_b} = \frac{10^{-14}}{1.8 \times 10^{-5}} = 5.6 \times 10^{-10}$$

CO_3^{2-} 是二元碱,用 K_{b1} 衡量其碱性。CO_3^{2-} 与 H_2O 的反应为

$$CO_3^{2-} + H_2O \Longrightarrow HCO_3^- + OH^-$$

已知 H_2CO_3 的 $K_{a2} = 5.6 \times 10^{-11}$。根据式 $K_{b1} = \frac{K_w}{K_{a2}}$,则

$$K_{b1} = \frac{K_w}{K_{a2}} = \frac{10^{-14}}{5.6 \times 10^{-11}} = 1.8 \times 10^{-4}$$

HPO_4^{2-} 作为碱性物质,衡量其碱性的是 K_{b2}。HPO_4^{2-} 与水的反应为

$$HPO_4^{2-} + H_2O \Longrightarrow H_2PO_4^- + OH^-$$

已知 H_3PO_4 的 $K_{a2} = 6.3 \times 10^{-8}$。根据式 $K_{b2} = \dfrac{K_w}{K_{a2}}$,则

$$K_{b2} = \frac{K_w}{K_{a2}} = \frac{10^{-14}}{6.3 \times 10^{-8}} = 1.6 \times 10^{-7}$$

为便于比较,将有关数据列成表 2-12。

表 2-12　几种共轭酸碱对的 K_a、K_b

共轭酸碱对	K_a	K_b
$H_2PO_4^-$ -HPO_4^{2-}	6.3×10^{-8}	1.6×10^{-7}
NH_4^+ -NH_3	5.6×10^{-10}	1.8×10^{-5}
HCO_3^- -CO_3^{2-}	5.6×10^{-11}	1.8×10^{-4}

所以,这三种碱的强度顺序为

$$CO_3^{2-} > NH_3 > HPO_4^{2-}$$

而它们的共轭酸的强度顺序恰好相反,为 $H_2PO_4^- > NH_4^+ > HCO_3^-$

多元酸或碱在水溶液中是一种复杂的酸碱平衡,计算这些酸碱平衡常数时,要注意它们的对应关系。

二、酸碱溶液 pH 的计算

酸碱滴定的过程,也就是溶液的 pH 不断变化的过程。为揭示滴定过程中溶液 pH 的变化规律,本节首先学习几类典型酸碱溶液 pH 的计算方法。

(一) 质子条件

酸碱反应是物质间质子转移的结果。根据酸碱反应整个平衡体系中质子转移的严格的数量关系列出的等式,称为质子条件。由质子条件,可以计算溶液的$[H^+]$。

例如,在一元弱酸(HA)的水溶液中,大量存在并参加质子转移的物质是 HA 和 H_2O,整个平衡体系中的质子转移反应为

HA 的解离反应　　　　　　$HA + H_2O \Longrightarrow H_3O^+ + A^-$

水的质子自递反应　　　　$H_2O + H_2O \Longrightarrow H_3O^+ + OH^-$

选择 HA 和 H_2O 作为参考水平,以参考水平 H_2O 为基准,得质子的产物是 H_3O^+(以下简化为 H^+),以 HA、H_2O 为基准,失质子的产物是 A^- 和 OH^-。根据得失质子的物质的量应该相等,则可写出质子条件为

$$[H^+] = [A^-] + [OH^-]$$

又如,对于 Na_2CO_3 的水溶液,存在下列反应:

$$CO_3^{2-} + H_2O \Longrightarrow HCO_3^- + OH^-$$

$$CO_3^{2-} + 2H_2O \Longrightarrow H_2CO_3 + 2OH^-$$

$$H_2O \Longrightarrow H^+ + OH^-$$

可以选择CO_3^{2-}和H_2O作为参考水平。将各种存在形式与参考水平相比较,可知OH^-为失质子的产物,而HCO_3^-、H_2CO_3,以及第三个反应式中的H^+(即H_3O^+)都为得质子的产物,并且其中的H_2CO_3得到2个质子,在列出质子条件时应在$[H_2CO_3]$前乘以系数2,以使得失质子的物质的量相等。因此,Na_2CO_3溶液的质子条件为

$$[H^+]+[HCO_3^-]+2[H_2CO_3]=[OH^-]$$

除了上述方法外,也可以根据物料平衡和电荷平衡得出质子条件。

(二)酸碱溶液 pH 的计算

1. 一元弱酸(碱)溶液

前已叙及,水溶液中一元弱酸 HA 的质子条件为

$$[H^+]=[A^-]+[OH^-]$$

以$[A^-]=K_a[HA]/[H^+]$和$[OH^-]=K_w/[H^+]$代入上式可得

$$[H^+]=\frac{K_a[HA]}{[H^+]}+\frac{K_w}{[H^+]}$$

经整理可得
$$[H^+]=\sqrt{K_a[HA]+K_w}$$

上式为计算一元弱酸溶液中$[H^+]$的精确公式。式中的$[HA]$为 HA 的平衡浓度,需利用分步分数的公式求得,是相当麻烦的。若计算$[H^+]$允许有 5% 的误差,同时满足$c/K_a\geqslant 10^5$和$cK_a\geqslant 10K_w$(c 表示一元弱酸的浓度)两个条件,式$[H^+]=\sqrt{K_a[HA]+K_w}$可进一步简化为:

$$[H^+]=\sqrt{cK_a}$$

这就是计算一元弱酸$[H^+]$常用的最简式。

【例 2-4】 求 0.20mol/L HCOOH 溶液的 pH。

解 已知 HCOOH 的 $pK_a=3.75$,$c=0.20mol/L$,则

$$c/K_a>10^5, \quad 且\ cK_a>10K_w$$

故可利用最简式求算$[H^+]$:

$$[H^+]=\sqrt{cK_a}=\sqrt{0.20\times10^{-3.75}}=10^{-2.22}(mol/L)$$

所以
$$pH=2.22$$

对于一元弱碱溶液,只需将上述计算一元弱酸溶液 H^+ 浓度公式$[H^+]=\sqrt{cK_a}$中的K_a换成K_b,$[H^+]$换成$[OH^-]$,就可以计算一元弱碱溶液中的$[OH^-]$。

【例 2-5】 计算 0.10mol/L NH_3 溶液的 pH。

解 已知$c=0.10mol/L$,$K_b=1.8\times10^{-5}$,则

$$c/K_b>10^5, \quad cK_b>10K_w$$

故可利用最简式计算:

$$[OH^-]=\sqrt{cK_b}=\sqrt{0.10\times10^{-5}}=1.3\times10^{-3}(mol/L)$$
$$pOH=2.89$$
$$pH=14.00-2.89=11.11$$

2. 两性物质溶液

有一类物质,如 $NaHCO_3$、NaH_2PO_4、邻苯二甲酸氢钾等,在水溶液中既可给出质子显示酸性,又可接受质子显示碱性,其酸碱平衡是较为复杂的,但在计算 $[H^+]$ 时,仍可以作合理的简化处理。

以 $NaHCO_3$ 为例,其质子条件为

$$[H^+] + [H_2CO_3] = [CO_3^{2-}] + [OH^-]$$

以平衡常数 K_{a1}、K_{a2} 代入上式,并经整理得

$$[H^+] = \sqrt{\frac{K_{a1}(K_{a2}[HCO_3^-] + K_w)}{K_{a1} + [HCO_3^-]}}$$

若 $cK_{a2} \geq 10K_w$,且 $c/K_{a1} \geq 10$,式 $[H^+] = \sqrt{\dfrac{K_{a1}(K_{a2}[HCO_3^-] + K_w)}{K_{a1} + [HCO_3^-]}}$ 可以简化为

$$[H^+] = \sqrt{K_{a1}K_{a2}}$$

式 $[H^+] = \sqrt{K_{a1}K_{a2}}$ 为计算 NaHA 型两性物质溶液 pH 常用的最简式,在满足上述两条件下,用最简式计算出的 $[H^+]$ 与用精确式求算的 $[H^+]$ 相比,相对误差在允许的 5% 范围以内。

【例 2-6】 计算 0.10mol/L NaH_2PO_4 溶液的 pH。

解 查表附录四 H_3PO_4 的 $pK_{a1} = 2.12$,$pK_{a2} = 7.20$,$pK_{a3} = 12.36$。

对于 0.10mol/L NaH_2PO_4 溶液,

$$cK_{a2} = 0.10 \times 10^{-7.20} \gg 10K_w$$

$$c/K_{a1} = 0.10/10^{-2.12} = 13.18 > 10$$

所以可采用式 $[H^+] = \sqrt{K_{a1}K_{a2}}$ 计算:

$$[H^+] = \sqrt{K_{a1}K_{a2}} = \sqrt{10^{-2.12} \times 10^{-7.20}} = 10^{-4.66}(mol/L)$$

$$pH = 4.66$$

若计算 Na_2HPO_4 溶液的 $[H^+]$,则公式中的 K_{a1} 和 K_{a2} 应分别改换成 K_{a2} 和 K_{a3}。

一元弱酸、两性物质溶液的 pH 的计算是最常用的,现将计算各种酸溶液 pH 的最简式及使用条件列于表 2-13 中。

表 2-13 计算几种酸溶液 $[H^+]$ 的最简式及使用条件

种 类	计算公式	使用条件(允许相对误差 5%)
强酸	$[H^+] = c$ $[H^+] = \sqrt{K_w}$	$c \geq 4.7 \times 10^{-7}mol/L$ $c \leq 1.0 \times 10^{-8}mol/L$
一元弱酸	$[H^+] = \sqrt{cK_a}$	$c/K_a \geq 10^5$ $cK_a \geq 10K_w$
二元弱酸	$[H^+] = \sqrt{cK_{a1}}$	$cK_{a1} \geq 10K_w$ $c/K_{a1} \geq 10^5$ $2K_{a2}/[H^+] \ll 1$
两性物质	$[H^+] = \sqrt{K_{a1}K_2}$	$cK_{a2} \geq 10K_w$ $c/K_{a1} \geq 10$

三、缓冲溶液

能够抵抗外加少量强酸、强碱或稍加稀释，其自身 pH 不发生显著变化的性质，称为缓冲作用。具有缓冲作用的溶液称为缓冲溶液。

分析化学中要用到很多缓冲溶液，大多数是作为控制溶液酸度用的，有些则是测量其他溶液 pH 时作为参照标准用的，称为标准缓冲溶液（表 2-14）。

表 2-14　常用的缓冲溶液

编号	缓冲溶液名称	酸的存在形态	碱的存在形态	pK_a	可控制的 pH 范围
1	氨基乙酸-HCl	$^+NH_3CH_2COOH$	$^+NH_3CH_2COO^-$	2.35 (pK_{a1})	1.4～3.4
2	一氯乙酸-NaOH	$CH_2ClCOOH$	CH_2ClCOO^-	2.86	1.9～3.9
3	邻苯二甲酸氢钾-HCl	⬡-COOH COOH	⬡-COO⁻ COOH	2.95 (pK_{a1})	2.0～4.0
4	甲酸-NaOH	$HCOOH$	$HCOO^-$	3.76	2.8～4.8
5	HOAc-NaOAc	$HOAc$	OAc^-	4.74	3.8～5.8
6	六亚甲基四胺-HCl	$(CH_2)_6N_4H^+$	$(CH_2)_6N_4$	5.15	4.2～6.2
7	NaH_2PO_4-Na_2HPO_4	$H_2PO_4^-$	HPO_4^{2-}	7.20 (pK_{a2})	6.2～8.2
8	$Na_2B_4PO_7$-HCl	H_3BO_4	$H_2BO_3^-$	9.24	8.0～9.0
9	NH_4Cl-NH_3	NH_4^+	NH_3	9.26	8.3～10.3
10	氨基乙酸-NaOH	$^+NH_3CH_2COO^-$	$NH_2CH_2COO^-$	9.60	8.6～10.6
11	$NaHCO_3$-Na_2CO_3	HCO_3^-	CO_3^{2-}	10.25	9.3～11.3
12	Na_2HPO_4-NaOH	HPO_4^{2-}	PO_4^{3-}	12.32	11.3～12.0

缓冲溶液一般由浓度较大的弱酸（或弱碱）及其共轭碱（或共轭酸）组成。如 HOAc-OAc⁻、NH₄⁺-NH₃ 等。由于共轭酸碱对的 K_a、K_b 值不同，所形成的缓冲溶液能调节和控制的 pH 范围也不同，常用的缓冲溶液可控制的 pH 范围参阅表（表 2-14）。

由弱酸 HA 与其共轭碱 A 组成的缓冲溶液，若用 c_{HA}、c_A 分别表示 HA、A 的分析浓度，可推出计算此缓冲溶液中[H⁺]及 pH 的最简式：

$$[H^+] = K_a \frac{c_{HA}}{c_{A^-}} \qquad pH = pK_a + lg\frac{c_{A^-}}{c_{HA}}$$

【例 2-7】　某缓冲溶液含有 0.10mol/L HOAc 和 0.15mol/L NaOAc，试问此时 pH 为多少？

解　根据式 $pH = pK_a + lg\frac{c_{A^-}}{c_{HA}}$ 计算得：

$$pH = -lg(1.8 \times 10^{-5}) + lg\frac{0.15}{0.10} = 4.92$$

【例 2-8】　欲配制 pH 10.0 的缓冲溶液 1L，已知 NH_4Cl 溶液浓度为 1.0mol/L，问需用多少毫升密度为 0.88g/mL 的氨水（ω_{NH_3} 为 28%）？

解　已知 NH_3 的 $K_b=10^{-4.47}$，则 NH_4^+ 的 K_a 为

$$K_a = K_w/K_b = 10^{-14}/10^{-4.74} = 10^{-9.26}$$

代入式 $pH = pK_a + lg\dfrac{c_{A^-}}{c_{HA}}$

$$10.0 = 9.26 + lg\dfrac{c_{NH_3}}{1.0}$$

求得 $c_{NH_3} = 5.5mol/L$，即配制成的缓冲溶液中应维持 NH_3 的浓度为 $5.5mol/L$。

通过氨水的质量分数 ω_{NH_3}、密度和 NH_3 的摩尔质量，可算出取用的氨水中 NH_3 的浓度：

$$\omega_{NH_3水} = \frac{28\% \times 0.88 \times 10^3 g/L}{17g/mol} = 14.5mol/L$$

由于缓冲溶液中 NH_3 与所取用氨水中的 NH_3 的物质的量相等：

$$5.5mol/L \times 1L = 14.5mol/L \times V_{NH_3}$$

故　　　　　　　　　　$V_{NH_3} = 0.379L \approx 0.38L = 380mL$

在高浓度的强酸强碱溶液中，由于 H^+ 或 OH^- 的浓度本来就很高，外加的少量酸或碱不会对溶液的酸度产生太大的影响。在这种情况下，强酸强碱也就是缓冲溶液。它们主要是高酸度（pH<2）和高碱度（pH>12）时的缓冲溶液。

各种缓冲溶液具有不同的缓冲能力，其大小可用缓冲容量来衡量。缓冲容量是使 1L 缓冲溶液的 pH 增加 1 个单位所需要加入强碱的物质的量，或使溶液 pH 减少 1 个单位所需要加入强酸的物质的量。

缓冲溶液的缓冲容量越大，其缓冲能力越强。缓冲容量的大小与产生缓冲作用组分的浓度有关，其浓度越高，缓冲容量越大。此外，也与缓冲溶液中各组分浓度的比值有关，如果缓冲组分的总浓度一定，缓冲组分的浓度比值为 1∶1 时，缓冲容量为最大。在实际应用中，常采用弱酸及其共轭碱的组分浓度比为 $c_a : c_b = 10 : 1$ 和 $c_a : c_b = 1 : 10$ 作为缓冲溶液 pH 的缓冲范围。由计算可知：

当 $c_a : c_b = 10 : 1$ 时，$pH = pK_a - 1$；

当 $c_a : c_b = 1 : 10$ 时，$pH = pK_a + 1$。

因而缓冲溶液 pH 的缓冲范围为 $pH = pK_a \pm 1$。例如，HOAc-NaOAc 缓冲范围为 pH 4.74 ± 1，即 pH $3.74 \sim 5.74$ 为 HOAc-NaOAc 溶液的缓冲范围。又如，NH_4Cl-NH_3 可在 pH $8.26 \sim 10.26$ 范围内起到缓冲作用。

标准缓冲溶液的 pH 是在一定温度下经过准确的实验测得的。目前国际上规定的标准缓冲溶液有四种，见表 2-14，在某些分析中要严格控制酸度条件时，需要用标准缓冲溶液来监测。

常用缓冲溶液种类很多，要根据实际情况，选用不同的缓冲溶液。注意所选用的缓冲溶液应对分析过程没有干扰，所需控制的 pH 应在缓冲溶液的缓冲范围之内，缓冲组分的浓度也应在 $0.01 \sim 1mol/L$，以保证足够的缓冲容量。

缓冲溶液的配制，可查阅有关手册或参考书上的配方进行配制。

四、酸碱指示剂

（一）酸碱指示剂的作用原理

酸碱指示剂一般是有机弱酸或弱碱。当溶液的 pH 变化时,指示剂失去质子由酸式转变为碱式,或得到质子由碱式转化为酸式,它们的酸式及碱式具有不同的颜色。因此,结构上的变化将引起颜色的变化。例如,酚酞是一种有机弱酸,在溶液中有如下平衡:

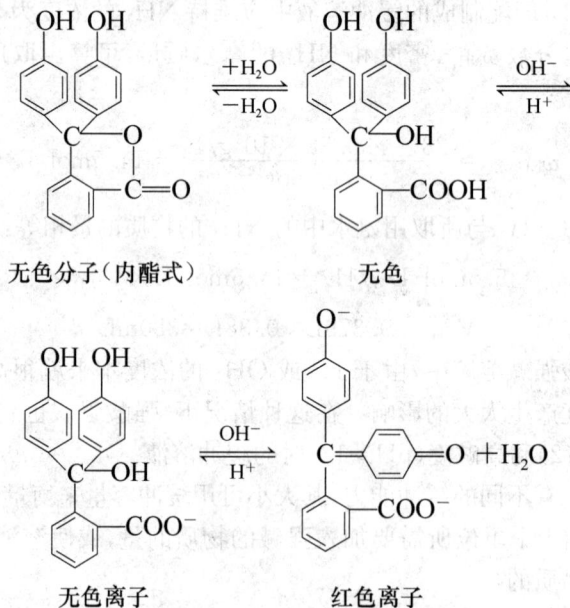

无色分子（内酯式）　　　　　　　无色

无色离子　　　　　　　　红色离子

上述结构的变化可用下列简式表示:

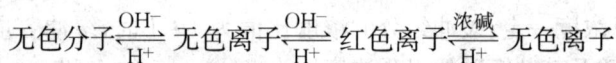

$$无色分子 \underset{H^+}{\overset{OH^-}{\rightleftharpoons}} 无色离子 \underset{H^+}{\overset{OH^-}{\rightleftharpoons}} 红色离子 \underset{H^+}{\overset{浓碱}{\rightleftharpoons}} 无色离子$$

这个变化过程是可逆的。当 H^+ 浓度增大时,平衡自右往左方向移动,酚酞变成无色分子;当 OH^- 浓度增大时,平衡自左向右移动,当 pH 约为 8 时酚酞呈现红色,但在浓碱液中酚酞的结构由醌式又变为羧酸盐式,呈现为无色。酚酞指示剂在 pH 8.0～10.0 时,它由无色逐渐变为红色。常将指示剂颜色变化的 pH 区间称为"变色范围"。

甲基橙是一种有机弱碱,在水溶液中有如下解离平衡和颜色变化:

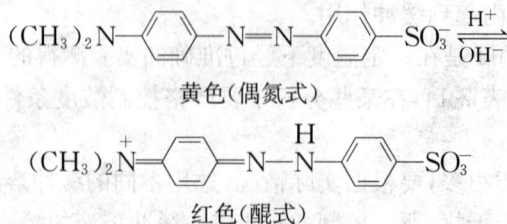

黄色（偶氮式）

红色（醌式）

由平衡关系可见,当溶液中 H^+ 浓度增大时,反应向右移动,甲基橙主要以醌式存在,呈现红色;当溶液中 OH^- 浓度增大时,则平衡向左移动,以偶氮式存在,呈现黄色。当溶液的

pH<3.1 时甲基橙为红色,pH>4.4 则为黄色。因此 pH 3.1～4.4 为甲基橙的变色范围。

(二)指示剂的变色范围

为了进一步说明指示剂颜色变化与酸度的关系,现以 HIn 表示指示剂酸色式,以 In^- 代表指示剂碱色式,在溶液中指示剂的解离平衡用下式表示:

$$HIn \rightleftharpoons H^+ + In^-$$

$$K_{HIn} = \frac{[H^+][In^-]}{[HIn]}$$

或

$$\frac{K_{HIn}}{[H^+]} = \frac{[In^-]}{[HIn]}$$

当 $[H^+] = K_{HIn}$,式 $\frac{K_{HIn}}{[H^+]} = \frac{[In^-]}{[HIn]}$ 中 $\frac{In^-}{HIn} = 1$,两者浓度相等,溶液表现出酸式色和碱式色的中间颜色,此时 $pH = pK_{HIn}$,称为指示剂的理论变色点。

一般说来,如果 $\frac{In^-}{HIn} > \frac{10}{1}$,观察到的是 In^{-1} 的颜色;当器 $\frac{In^-}{HIn} = \frac{10}{1}$ 时,可在 In^{-1} 颜色中勉强看出 HIn 的颜色,此时 $pH = pK_{HIn} + 1$;当 $\frac{In^-}{HIn} < \frac{1}{10}$ 时,观察到的是 HIn 的颜色;当 $\frac{In^-}{HIn} = \frac{1}{10}$ 时,可在 HIn 颜色中勉强看出 In^{-1} 的颜色,此时 $pH = pK_{HIn} - 1$。

由上述讨论可知,指示剂的理论变色范围为 $pH = pK_{HIn} \pm 1$,为 2 个 pH 单位。

常用的酸碱指示剂列于表 2-15。

表 2-15 常用的酸碱指示剂

指示剂	酸式色	碱式色	pK_a	变色范围(pH)	用 法
百里酚蓝(第一次变色)	红色	黄色	1.6	1.2～2.8	0.1%的20%乙醇
甲基黄	红色	黄色	3.3	2.9～4.0	0.1%的90%乙醇
甲基橙	红色	黄色	3.4	3.1～4.4	0.05%的水溶液
溴酚蓝	黄色	紫色	4.1	3.1～4.6	0.1%的20%乙醇或其钠盐
溴甲酚绿	黄色	蓝色	4.9	3.8～5.4	0.1%水溶液,每 100mg 指示剂加 0.05mol/L NaOH 9mL
甲基红	红色	黄色	5.2	4.4～6.2	0.1%的60%乙醇或其钠盐水溶液
溴百里酚蓝	黄色	蓝色	7.3	6.0～7.6	0.1%的20%乙醇或其钠盐水溶液
中性红	红色	黄橙色	7.4	6.8～8.0	0.1%的60%乙醇
酚红	黄色	红色	8.0	6.7～8.4	0.1%的60%乙醇或其钠盐水溶液
百里酚蓝(第二次变色)	黄色	蓝色	8.9	8.0～9.6	0.1%的20%乙醇
酚酞	无色	红色	9.1	8.0～9.6	0.1%的90%乙醇
百里酚酞	无色	蓝色	10.0	9.4～10.6	0.1%的90%乙醇

(三)混合指示剂

在酸碱滴定中,有时需要将滴定终点控制在很窄的 pH 范围内,此时可采用混合指示剂。混合指示剂有两类:一类是由两种或两种以上的指示剂混合而成,利用颜色的互补作用,使指示剂变色范围变窄,变色更敏锐,有利于判断终点,减少滴定误差,提高分析的准确度。例如,溴甲酚绿($pK_a = 4.9$)和甲基红($pK_a = 5.2$)两者按 3:1 混合后,在 pH<5.1 的溶液中呈酒红色,而在 pH>5.1 的溶液中呈绿色,且变色非常敏锐。另一类混合指示剂是在某种指示剂中加入另一种惰性染料组成。例如,采用中性红与次甲基蓝混合而配制的指示剂,当配比为 1:1 时,混合指示剂在 pH 7.0 时呈现蓝紫色,其酸色为蓝紫色,碱色为绿色,变色也很敏锐。

常用的几种混合指示剂列于表 2-16。

表 2-16　几种常用的混合指示剂

指示剂组成	变色点(pH)	酸式色	碱式色	备　注
{1 份 0.1%甲基橙水溶液 {1 份 0.25%靛蓝磺酸钠水溶液	4.1	紫	黄绿	pH4.1 灰色
{3 份 0.1%溴甲酚绿乙醇溶液 {1 份 0.2%甲基红乙醇溶液	5.1	酒红	绿	pH5.1 灰色
{1 份 0.1%溴甲酚绿钠盐水溶液 {1 份 0.1%氯酚红钠盐水溶液	6.1	黄绿	蓝紫	—
{1 份 0.1%中性红乙醇溶液 {1 份 0.1%次甲基蓝乙醇溶液	7.0	蓝紫	绿	—
{1 份 0.1%甲酚红钠盐水溶液 {3 份 0.1%百里酚蓝钠盐水溶液	8.3	黄	绿	—
{1 份 0.1%百里酚蓝的 50%乙醇溶液 {3 份 0.1%酚酞的 50%乙醇溶液	9.0	黄	紫	黄→绿→紫

如果把甲基红、溴百里酚蓝、百里酚蓝、酚酞按一定比例混合,溶于乙醇,配成混合指示剂,可随溶液 pH 的变化而呈现不同的颜色。实验室中使用的 pH 试纸,就是基于混合指示剂的原理而制成的。

还应指出,滴定分析中指示剂加入量的多少也会影响变色的敏锐程度。况且,指示剂本身就是有机弱酸或弱碱,也要消耗滴定剂,影响分析结果的准确度。因此,一般地讲,指示剂应适当少用,变色会明显一些,引入的误差也小一些。

五、一元酸碱的滴定

酸碱滴定过程中,随着滴定剂不断地加入到被滴定溶液中,溶液的 pH 也在不断地变化,根据滴定过程中溶液 pH 的变化规律,选择合适的指示剂,才能正确地指示滴定终点。本节讨论一元酸、碱滴定过程中 pH 的变化规律和指示剂的选择原则。

(一)强碱滴定强酸

现以 0.1000mol/L NaOH 溶液滴定 20.00mL 0.1000mol/L HCl 溶液为例,讨论强碱滴定强酸的情况。

被滴定 HCl 溶液,起始 pH 较低。随着 NaOH 的加入,中和反应不断进行,溶液的 pH 不断升高。当加入的 NaOH 物质的量恰好等于 HCl 的物质的量时,中和反应恰好进行完全,滴定到达化学计量点,溶液中仅存在 NaCl,溶液的 $[H^+] = [OH^-] = 10^{-7} mol/L$。

超过化学计量点后,继续加入 NaOH 溶液,pH 继续升高。为了解整个滴定过程中的详细情况,分四个阶段叙述如下。

1. 滴定开始前

溶液的 pH 取决于 HCl 的原始浓度,即分析浓度,因 HCl 是强酸,故$[H^+]=0.1000mol/L$,pH 1.00。

2. 滴定至化学计量点前

溶液的 pH 由剩余 HCl 的物质的量决定。如加入 NaOH 溶液 19.98mL,溶液中剩余 0.02mL 未被滴定,这时溶液中

$$[H^+]=\frac{c_{HCl}\times 剩余 HCl 溶液的体积}{溶液总体积}$$

$$=\frac{0.1000mol/L\times 0.02mL}{20.00mL+19.98mL}$$

$$=5\times 10^{-5}mol/L$$

$$pH=4.3$$

其他各点的 pH 仍按上述方法计算。

3. 化学计量点时

在化学计量点时 NaOH 与 HCl 恰好全部中和完全,此时溶液中$[H^+]=[OH^-]=1\times 10^{-7}mol/L$,故化学计量点时 pH 为 7.0,溶液呈中性。

4. 化学计量点后

此时溶液的 pH 根据过量碱的量进行计算。如滴入 NaOH 溶液 20.02mL(NaOH 溶液过量 0.02mL),即过量 0.1%。

$$[OH^-]=\frac{c_{HCl}\times 过量 NaOH 溶液的体积}{溶液总体积}$$

$$=\frac{0.1000mol/L\times 0.02mL}{20.00mL+20.02mL}$$

$$=5\times 10^{-5}mol/L$$

$$pOH=4.3\qquad pH=9.7$$

化学计量点后的各点,均可按此方法逐一计算。将上述计算值列于表 2-17,

表 2-17 0.1000mol/L NaOH 溶液滴定 20.00mL 0.1000mol/L HCl 溶液

加入 NaOH 溶液		剩余 HCl 溶液的体积 V/mL	过量 NaOH 溶液的体积 V/mL	pH
a*/%	V/mL			
0	0.00	20.00	—	1.00
90.0	18.00	2.00	—	2.28
99.0	19.80	0.20	—	3.30
99.9	19.98	0.02	—	4.3A
100.0	20.00	0.00	—	7.00
100.1	20.02	—	0.02	9.7B
101.0	20.20	—	0.20	10.70
110.0	22.00	—	2.00	11.70
200.0	40.00	—	20.00	12.50

注:符号 a* 为滴定度。

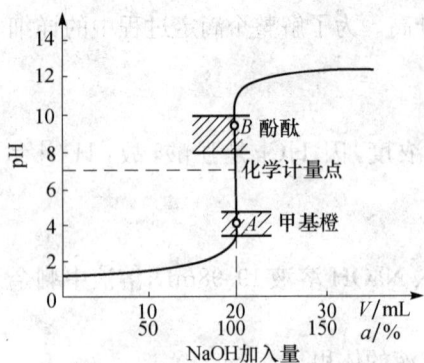

图 2-5　0.1000mol/L NaOH 滴定 20.00mL
0.1000mol/L HCl 的滴定曲线

以 NaOH 加入量为横坐标,对应的 pH 为纵坐标,绘制 pH-V 关系曲线,称为滴定曲线,如图 2-5 所示。

从表 2-17 和图 2-5 可见,滴定开始时曲线比较平坦,这是因为溶液中还存在着较多的 HCl,酸度较大。随着 NaOH 不断滴入,HCl 的量逐渐减少,pH 逐渐增大。当滴定至只剩下 0.1% HCl,即剩余 0.02mLHCl 时,pH 为 4.3,再继续滴入 1 滴滴定剂(大约 0.04mL),即中和剩余的半滴 HCl 后,仅过量 0.02mLNaOH,而溶液的 pH 从 4.3 急剧升高到 9.7。因此,1 滴滴定剂就使溶液 pH 增加 5

个多 pH 单位,从图 2-5 和表 2-17 的 A 至 B 点可知,在化学计量点前后 0.1%,滴定曲线上出现了一段垂直线,这称为滴定突跃。指示剂的选择主要以滴定突跃为依据,凡在 pH 4.3~9.7 内变色的指示剂,如甲基橙、甲基红、酚酞、溴百里酚蓝、苯酚红等,均能作为此类滴定的指示剂。

例如,当滴定至甲基橙由红色突变为橙色时,溶液的 pH 约为 4.4,这时加入 NaOH 的量与化学计量点时应加入量的差值不足 0.02mL,终点误差小于 −0.1%,符合滴定分析的要求。若改用酚酞为指示剂,溶液呈微红色时 pH 略大于 8.0,此时 NaOH 的加入量超过化学计量点时应加入的量也不到 0.02mL,终点误差也小于 +0.1%,仍然符合滴定分析的要求。因此,选择变色范围处于或部分处于滴定突跃范围内的指示剂,都能够准确地指示滴定终点。这是正确选择指示剂的原则,也是本小节的一个重要结论。

以上讨论的是 0.1mol/L NaOH 溶液滴定 0.1mol/L HCl 溶液的情况。如改变 NaOH 溶液浓度,化学计量点的 pH 仍然是 7.0,但滴定突跃的长短却不同,如图 2-6 所示,酸碱溶液浓度越大,滴定曲线化学计量点附近的滴定突跃越长,可供选择的指示剂越多。如滴定剂溶液的浓度越小,则化学计量点附近的滴定突跃就越短,可供选择的指示剂就越少,指示剂的选择就受到限制。例如,若用 0.01mol/L NaOH 溶液滴定 0.01mol/L HCl 溶液,滴定突跃减小为

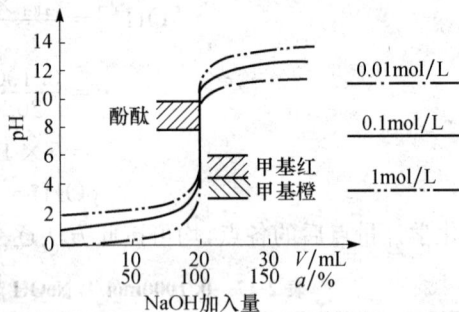

图 2-6　不同浓度 NaOH 溶液滴定不同
浓度 HCl 溶液的滴定曲线

5.3~8.7,若仍用甲基橙作指示剂,终点误差将 >1%,只能用酚酞、甲基红等,才能符合滴定分析的要求。

(二)强碱滴定弱酸

现以 0.1000mol/L NaOH 溶液滴定 20.00mol/L 0.1000mol/L HOAc 溶液为例,讨论强碱滴定弱酸的情况,滴定过程中溶液 pH 可计算如下。已知 HOAc 的解离常数 pK_a 4.74。

1. 滴定开始前

溶液的 pH 根据 HOAc 解离平衡来计算：

$$[H^+] = \sqrt{c_{HOAc} \cdot K_a} = \sqrt{0.1000 \times 1.8 \times 10^{-5}}$$
$$= 1.35 \times 10^{-3} (mol/L)$$
$$pH = 2.87$$

2. 化学计量点前

这阶段溶液的 pH 应根据剩余的 HOAc 及反应产物 OAc⁻ 所组成的缓冲溶液计算。现设滴入 NaOH 19.98mL，与 HOAc 中和后形成 NaOAc，剩余 HOAc 0.02mL 未被中和。

pH 计算如下：

$$[HOAc] = \frac{0.02mL \times 0.1000mol/L}{20.00mL + 19.98mL}$$
$$= 5 \times 10^{-5} mol/L$$
$$[OAc^-] = \frac{19.98mL \times 0.1000mol/L}{20.00mL + 19.98mL}$$
$$= 5.00 \times 10^{-2} mol/L$$
$$[H^+] = K_a \frac{[HOAc]}{[OAc^-]}$$
$$= 1.8 \times 10^{-5} \times \frac{5 \times 10^{-5} mol/L}{5.00 \times 10^{-2} mol/L}$$
$$= 2 \times 10^{-8} mol/L$$
$$pH = 7.7$$

3. 化学计量点时

NaOH 与 HOAc 完全中和，反应产物为 NaOAc，根据共轭碱的解离平衡计算如下：

$$OAc^- + H_2O \Longrightarrow HOAc + OH^-$$
$$c_{OAc^-} = \frac{0.1000mol/L \times 20.00mL}{20.00mL + 20.00mL} = 5.000 \times 10^{-2} mol/L$$
$$[OH^-] = \sqrt{K_b \cdot c_{OAc^-}} = \sqrt{\frac{K_w}{K_a} \cdot c_{OAc^-}}$$
$$= \sqrt{\frac{1.0 \times 10^{-14}}{1.8 \times 10^{-5}} \times 1.000 \times 10^{-2}}$$
$$= 5.3 \times 10^{-6} (mol/L)$$
$$pOH = 5.28 \qquad pH = 8.72$$

4. 化学计量点后

此时根据过量的 NaOH 溶液计算 pH，设加入 20.02mL NaOH，溶液中 OH⁻ 浓度为

$$[OH^-] = \frac{0.02mL \times 0.1000mol/L}{20.00mL + 20.02mL}$$
$$= 5 \times 10^{-5} mol/L$$
$$pOH = 4.3 \qquad pH = 9.7$$

　　上述计算结果列于表 2-18 中。根据表值绘制的滴定曲线,如图 2-7 的 I 所示。图中的虚线是强碱滴定强酸曲线的前半部分。

表 2-18　0.1000mol/L 的 NaOH 溶液滴定 20.00mL 0.1000mol/L 的 HOAc 溶液

加入 NaOH 溶液		剩余 HOAc 溶液的体积 V/mL	过量 NaOH 溶液的体积 V/mL	pH
n/%	V/mL			
0	0.00	20.00	—	2.87
50.0	10.00	10.00	—	4.74
90.0	18.00	2.00	—	5.70
99.0	19.80	0.20	—	6.74
99.9	19.98	0.02	—	A7.7 ⎫ 滴定
100.0	20.00	0.00	—	8.72 ⎬ 突跃
100.1	20.02	—	0.02	B9.7 ⎭
101.0	20.20	—	0.20	10.70
110.0	22.00	—	2.00	11.70
200.0	40.00	—	20.00	12.50

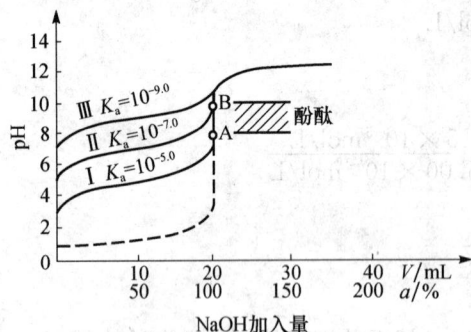

图 2-7　NaOH 溶液滴定不同弱酸
溶液的滴定曲线

　　将 NaOH 滴定 HOAc 的滴定曲线与 NaOH 滴定 HCl 的滴定曲线相比较,可以看到它们有以下不同点:

　　(1) 由于 HOAc 是弱酸,滴定前,溶液中的 H^+ 浓度比同浓度的 HCl 的 H^+ 浓度要低,因此起始的 pH 要高一些。

　　(2) 化学计量点之前,溶液中未反应的 HOAc 与反应产物 NaOAc 组成了 HOAc-OAc$^-$ 缓冲体系,溶液的 pH 由该缓冲体系决定,pH 的变化相对较缓。

　　(3) 化学计量点附近,溶液的 pH 发生突变,滴定突跃为 pH 7.7~9.7,相对滴定 HCl 而言,滴定突跃小得多。

　　(4) 化学计量点时,溶液中仅含 NaOAc,为一碱性物质,pH 为 8.72,因而化学计量点时溶液呈碱性。

　　需着重注意两个问题:

　　第一,强碱滴定弱酸时,滴定突跃范围较小,指示剂的选择受到限制,只能选择在弱碱性范围内变色的指示剂,如酚酞、百里酚酞等。若仍选择在酸性范围内变色的指示剂,如甲基橙,溶液变色时,HOAc 被中和的百分数还不到 50%,显然,指示剂选择错误。滴定弱酸,一般都是先计算出化学计量点时的 pH,选择那些变色点尽可能接近化学计量点的指示剂来确定终点,而不必计算整个滴定过程的 pH 变化。

　　第二,强碱滴定弱酸时的滴定突跃大小,决定于弱酸溶液的浓度和它的解离常数 K_a 两个因素。如要求滴定误差≤0.1%,必须使滴定突跃超过 0.3 pH 单位,此时人眼才可以辨别出指示剂颜色的变化,滴定就可以顺利地进行。由图 2-7 可以看出,浓度为

$0.1mol/L$, $K_a=10^{-7}$ 的弱酸还能出现 0.3 pH 单位的滴定突跃。对于 $K_a=10^{-8}$ 的弱酸，其浓度若为 $0.1mol/L$ 将不能目视直接滴定。通常，以 $cK_a \geqslant 10^{-8}$ 作为弱酸能被强碱溶液直接目视准确滴定的判据。这是本小节的另一个重要结论。

对于那些 $cK_a < 10^{-8}$，即在水溶液中不能直接滴定的弱酸，可以利用化学反应使其转化为解离常数较大的弱酸后再测定，也可以采用非水滴定法测定。

六、酸碱标准溶液的配制和标定

（一）酸标准溶液的配制和标定

在滴定分析法中常用盐酸、硫酸溶液为滴定剂（标准溶液），尤其是盐酸溶液，因其价格低廉，易于得到，稀盐酸溶液无氧化还原性质，酸性强且稳定，因此用得较多。但市售盐酸中 HCl 含量不稳定，且常含有杂质，应采用间接法配制，再用基准物质标定，确定其准确浓度。常用无水 Na_2CO_3 或硼砂（$Na_2B_4O_7 \cdot 10H_2O$）等基准物质进行标定。

1. 无水 Na_2CO_3

此物质易吸收空气中的水分，故使用前应在 $180 \sim 200℃$ 下干燥 $2 \sim 3h$。也可用 $NaHCO_3$ 在 $270 \sim 300℃$ 下干燥 $1h$，经烘干发生分解，转化为 Na_2CO_3，然后放在干燥器中保存。

$$2NaHCO_3 \xrightarrow{270 \sim 300℃} Na_2CO_3 + CO_2 \uparrow + H_2O$$

标定反应：

$$Na_2CO_3 + 2HCl \Longrightarrow 2NaCl + H_2CO_3$$
$$\llcorner CO_2 \uparrow + H_2O$$

设欲标定的盐酸浓度约为 $0.1mol/L$，欲使消耗盐酸体积 $20 \sim 30mL$，根据滴定反应可算出称取 Na_2CO_3 的质量应为 $0.11 \sim 0.16g$。滴定时可采用甲基橙为指示剂，溶液由黄色变为橙色即为终点。

2. 硼砂 $Na_2B_4O_7 \cdot 10H_2O$

此物质不易吸水，但易失水，因而要求保存在相对湿度为 $40\% \sim 60\%$ 的环境中，以确保其所含的结晶水数量与计算时所用的化学式相符。实验室常采用在干燥器底部装入食盐和蔗糖的饱和水溶液的方法，使相对湿度维持在 60%。

硼砂标定 HCl 的反应：

$$B_4O_7^{2-} 5H_2O \Longrightarrow 2H_3BO_3 + 2H_2BO_3^-$$
$$\underline{2H_2BO_3^- + 2HCl \Longrightarrow 2H_3BO_3 + 2Cl^-}$$
$$总反应：B_4O_7^{2-} + 5H_2O + 2HCl \Longrightarrow 4H_3BO_3 + 2Cl^-$$

1 个 $B_4O_7^{2-}$ 与水作用产生 $2H_2BO_3^-$ 和 $2H_2BO_3$，其中仅有 2 个 $H_2BO_3^-$ 能被 HCl 作用，故 $1B_4O_7^{2-} \sim 2H_2BO_3^- \sim 2H^+$。

由于反应产物是 H_3BO_3，若化学计量点时 $c_{H_3BO_3} = 5.0 \times 10^{-2} mol/L$，已知 H_3BO_3 的 $K_a = 5.7 \times 10^{-10}$，则化学计量点时 $[H^+]$ 计算式为

$$[H^+] = \sqrt{cK_a} = \sqrt{5.0 \times 10^{-2} \times 5.7 \times 10^{-10}}$$

$$= 5.3 \times 10^{-6} (\text{mol/L})$$
$$\text{pH} = 5.27$$

滴定时可选择甲基红为指示剂,溶液由黄色变为红色即为终点。

设待标定的盐酸浓度约为 0.1mol/L,欲使消耗的盐酸溶液体积为 20～30mL,可算出应称取硼砂的质量为 0.38～0.57g。由于硼砂的摩尔质量(381.4g/mol)较 Na_2CO_3 大,标定同样浓度的盐酸所需的硼砂质量也比 Na_2CO_3 多,因而称量的相对误差就小,所以硼砂作为标定盐酸的基准物质优于 Na_2CO_3。

除上述两种基准物质外,还有 $KHCO_3$、酒石酸氢钾等基准物质用于标定盐酸溶液。

(二)碱标准溶液的配制和标定

氢氧化钠是最常用的碱溶液。固体氢氧化钠具有很强的吸湿性,易吸收 CO_2 和水分,生成少量 Na_2CO_3,且含少量的硅酸盐、硫酸盐和氯化物等,因而不能直接配制成标准溶液,只能用间接法配制,再以基准物质标定其浓度。常用邻苯二甲酸氢钾基准物质标定。

邻苯二甲酸氢钾的分子式为 $C_8H_4O_4HK$,其结构式为

$$\text{○}\begin{matrix}-\text{COOH}\\-\text{COOK}\end{matrix}$$

摩尔质量为 204.2g/mol,属有机弱酸盐,在水溶液中呈酸性,因 $cK_{a2} > 10^{-8}$,故可用 NaOH 溶液滴定。滴定的产物是邻苯二甲酸钾钠,它在水溶液中能接受质子,显示碱的性质。

设邻苯二甲酸氢钾溶液开始时浓度为 0.10mol/L,到达化学计量点时,体积增加 1 倍,邻苯二甲酸钾钠的浓度 $c = 0.050$mol/L。化学计量点时 pH 应按下式计算:

$$[\text{OH}^-] = \sqrt{cK_{b1}} = \sqrt{\frac{0.050 \times 1.0 \times 10^{-14}}{2.9 \times 10^{-6}}}$$
$$= 1.3 \times 10^{-5} (\text{mol/L})$$
$$\text{pOH} = 4.88 \qquad \text{pH} = 9.12$$

此时溶液呈碱性,可选用酚酞或百里酚蓝为指示剂。

除邻苯二甲酸氢钾外,还有草酸、苯甲酸、硫酸肼($N_2H_4 \cdot H_2SO_4$)等基准物质用于标定 NaOH 溶液。

七、酸碱滴定法结果计算示例

【例 2-9】 用硼砂($Na_2B_4O_7 \cdot 10H_2O$)标定 HCl 溶液(大约浓度为 0.1mol/L),希望用去的 HCl 溶液为 25mL 左右,应称量硼砂多少克?(已知硼砂的摩尔质量为 381.4g/mol)

解 由滴定反应:

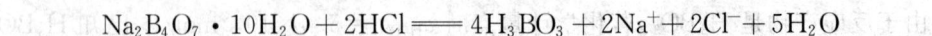

$$Na_2B_4O_7 \cdot 10H_2O + 2HCl = 4H_3BO_3 + 2Na^+ + 2Cl^- + 5H_2O$$

硼砂与 HCl 的化学计量关系为 1:2,欲使 HCl 消耗量为 25mL,硼砂的摩尔质量为 381.4g/mol,称取基准物硼砂的质量 m 可计算如下:

根据反应方程式
$$c_{HCl} \times V_{HCl} = 2 \times \frac{m_{硼砂}}{M_{硼砂}}$$

所以
$$0.1mol/L \times 25 \times 10^{-3}L = \frac{2}{1} \times \frac{m}{381.4g/mol}$$

$$m = 0.4768g \approx 0.5g$$

【例 2-10】 发烟硫酸（$SO_3 + H_2SO_4$）1.000g，需 0.5710mol/L 的 NaOH 标准溶液 35.90mL 才能中和。求试样中两组分的质量分数。（已知 $M_{H_2SO_4} = 98.08g/mol$，$M_{SO_4} = 80.06g/mol$）

解 设试样中含 $SO_3 x$g，则含 H_2SO_4 1.000g−xg。

已知：$M_{H_2SO_4} = 98.08g/mol$，$M_{SO_3} = 80.06g/mol$。根据反应式：

$$SO_3 + 2NaOH = Na_2SO_4 + H_2O$$

$$H_2SO_4 + 2NaOH = Na_2SO_4 + 2H_2O$$

则
$$\frac{x}{80.06g/mol} + \frac{1.000g - x}{98.08g/mol} = \frac{0.5710mol/L \times 35.90 \times 10^{-3}L}{2}$$

解得
$$x = 0.023g \qquad 1.000g - x = 0.977g$$

所以·
$$\omega_{SO_3} = 2.3\% \qquad \omega_{H_2SO_4} = 97.7\%$$

【例 2-11】 准确称取硼酸试样 0.5004g 于烧杯中，加沸水使其溶解，加入甘露醇使之强化。然后用 0.2501mol/L NaOH 标准溶液滴定，酚酞为指示剂，耗去 NaOH 溶液 32.16mL。计算试样中以 H_3BO_3 和 B_2O_3 表示的质量分数。（已知 $M_{H_3BO_3} = 61.83g/mol$，$M_{B_2O_3} = 69.62g/mol$）

解 H_3BO_3 与 NaOH 的化学计量关系为 1:1，已知 $M_{H_3BO_3} = 61.83g/mol$，$M_{B_2O_3} = 69.62g/mol$。所以，

$$\omega_{H_3BO_3} = \frac{c_{NaOH} V_{NaOH} M_{H_3BO_3}}{m} \times 100\%$$

$$= \frac{0.2501mol/L \times 32.16 \times 10^{-3}L \times 61.83g/mol}{0.5004g} \times 100\%$$

$$= 99.38\%$$

$$\omega_{B_2O_3} = \frac{M_{B_2O_3}}{2M_{H_3BO_3}} \cdot \omega_{H_3BO_3}$$

$$= \frac{69.62g/mol}{2 \times 61.83g/mol} \times 99.38\%$$

$$= 55.95\%$$

【例 2-12】 有一碱液，已知其密度为 1.200g/mL，其中可能含 NaOH 与 Na_2CO_3，也可能含 Na_2CO_3 与 $NaHCO_3$。现取试样 1.00mL，加适量水后再加酚酞指示剂，用 0.3000mol/L HCl 标准溶液滴定至酚酞变色时，消耗 HCl 溶液 28.40mL。再加入甲基橙指示剂，继续用同浓度的 HCl 滴定至甲基橙变色为终点，又消耗 HCl 溶液 3.60mL。问此碱液是何混合物，并计算各组分的质量分数。已知 $M_{NaOH} = 40.01g/mol$，$M_{Na_2CO_3} = 106.0g/mol$，$M_{NaHCO_3} = 84.01g/mol$。

解　依题意,此碱液可能发生的滴定反应是:

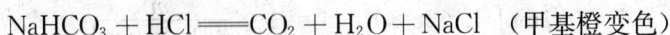

$$Na_2CO_3 + HCl == NaHCO_3 + NaCl \quad (酚酞变色)$$

$$NaHCO_3 + HCl == CO_2 + H_2O + NaCl \quad (甲基橙变色)$$

$$NaOH + HCl == NaCl + H_2O \quad (酚酞变色)$$

设 V_1 是以酚酞为指示剂时消耗 HCl 溶液的体积;V_2 为再加甲基橙指示剂后又耗去 HCl 溶液的体积。由上述反应可知,在同一份溶液中:

只含 NaOH 时,　　　　　　　　　　$V_1 > 0$,　$V_2 = 0$

只含 NaHCO_3 时　　　　　　　　　　$V_1 = 0$,　$V_2 > 0$

只含 Na_2CO_3 时,　　　　　　　　　　$V_1 = V_2$

含 NaOH 和 Na_2CO_3 时,　　　　　　$V_1 > V_2$

含 Na_2CO_3 和 NaHCO_3 时,　　　　$V_1 < V_2$

现 $V_1 > V_2$,说明此碱液是 NaOH 和 Na_2CO_3 的混合物,它们的质量分数可计算如下:

$$\omega_{Na_2CO_3} = \frac{0.3000\,mol/L \times 2 \times 3.60 \times 10^{-3}\,L \times 106.0\,g/mol}{1.200\,g/mL \times 1.00\,mL} \times 100\%$$

$$= 19.08\%$$

$$\omega_{NaOH} = \frac{0.3000\,mol/L \times (28.40 - 3.60) \times 10^{-3}\,L \times 40.01\,g/mol}{1.200\,g/mol \times 1.00\,mL} \times 100\%$$

$$= 24.81\%$$

习　　题

1. 质子理论和电离理论相比较,最主要的不同点是什么?

2. 根据质子理论,什么是酸? 什么是碱? 什么是两性物质? 各举例说明之。

3. 找出下列物质中相应的共轭酸碱对,并用质子理论分析下列物质中哪种物质为最强的酸? 哪种物质碱性最强?

HOAc, HF, HCl, NH_4^+, $(CH_2)_6N_4$, NaOAc, NH_3, CO_3^{2-}, HCO_3^-, H_3PO_4, F^-, $H_2PO_4^-$, Cl^-, $(CH_2)_6N_4H^+$

4. 什么叫质子条件? 它与酸碱溶液 $[H^+]$ 的计算公式有什么关系? 写出下列物质水溶液的质子条件。

(1) HCOOH　　(2) NH_3　　(3) NaOAc

(4) NH_4NO_3　　(5) NaH_2PO_4

5. 何谓滴定突跃? 它的大小与哪些因素有关? 酸碱滴定中指示剂的选择原则是什么?

6. 若用已吸收少量水的无水碳酸钠标定 HCl 溶液的浓度,问所标出的浓度将偏高还是偏低?

7. 若使硼砂未能保存在相对湿度 60%,而是存放在相对湿度 30% 的容器中,采用该硼砂标定 HCl 溶液时,问所标定的浓度是偏高还是偏低?

8. 计算 pH 5.0 时 0.1mol/L HOAc 溶液中 OAc^- 的浓度。 答:0.64mol/L

9. 计算 pH 5.0 时 0.1mol/L $H_2C_2O_4$ 中 $C_2O_4^{2-}$ 的浓度。 答:0.087mol/L

10. 计算下列溶液的 pH:

(1) 0.05mol/L NaOAc   (2) 0.05mol/L NH_4Cl

(3) 0.05mol/L H_3BO_3 (4) 0.1mol/L NaCl

(5) 0.05mol/L $NaHCO_3$ 答:8.72;5.28;5.28;7.00;8.31

11. 若配制 pH 10.0 的缓冲溶液 1.0L,用去 15mol/L 氨水 350mL,问需要 NH_4Cl 多少克? 答:51g

12. 计算下列滴定中化学计量点的 pH,并指出选用何种指示剂指示终点:

(1) 0.2000mol/L NaOH 滴定 20.00mL 0.2000mol/L HCl;

(2) 0.2000mol/L HCl 滴定 20.00mL 0.2000mol/L NaOH;

(3) 0.2000mol/L NaOH 滴定 20.00mL 0.2000mol/L HOAc;

(4) 0.2000mol/L HCl 滴定 20.00mL 0.2000mol/L NH_3。

答:7.00;7.00;8.88;5.12

13. 用 0.1000mol/L NaOH 溶液滴定 20.00mL 0.1000mol/L 甲酸溶液时,化学计量点时 pH 为多少? 应选择何种指示剂指示终点? 滴定突跃为多少? 答:8.23;6.74~9.70

14. 下列酸溶液能否准确进行分步滴定? 能滴定到哪一级?

(1) H_2SO_4 (2) 酒石酸   (3) 草酸

(4) H_3PO_4 (5) 丙二酸($pK_{a1}=2.65, pK_{a2}=5.28$)

15. 称取无水 Na_2CO_3 基准物 0.1500g,标定 HCl 溶液时消耗 HCl 溶液体积 25.60mL,计算 HCl 溶液的物质的量浓度为多少? 答:0.1106mol/L

16. 用硼砂($Na_2B_4O_7 \cdot 10H_2O$)基准物质标定 HCl(约 0.05mol/L)溶液,消耗的滴定剂约 20~30mL,应称取多少基准物质? 答:0.19~0.29g

17. 称取混合碱试样 0.6800g,以酚酞为指示剂,用 0.1800mol/L HCl 标准溶液滴定至终点,消耗 HCl 溶液 $V_1=23.00$mL,然后加甲基橙指示剂滴定至终点,消耗 HCl 溶液 $V_2=26.80$mL,判断混合碱的组分,并计算试样中各组分的含量。

答:$\omega_{Na_2CO_3}=64.53\%$; $\omega_{NaHCO_3}=8.45\%$

18. 称取混合碱试样 0.6800g,以酚酞为指示剂,用 0.2000mol/L HCl 标准溶液滴定至终点,消耗 HCl 溶液体积 $V_1=26.80$mL,然后加甲基橙指示剂滴定至终点,消耗 HCl 溶液体积 $V_2=23.00$mL,判断混合碱的组分,并计算各组分的质量分数。

答:$\omega_{NaOH}=4.47\%$; $\omega_{Na_2CO_3}=71.70\%$

19. 采用 $KHC_2O_4 \cdot H_2C_2O_4 \cdot 2H_2O$ 基准物质 2.369g,标定 NaOH 溶液时,消耗 NaOH 溶液的体积为 29.05mL,计算 NaOH 溶液的浓度。 答:0.9624mol/L

20. 某试样 2.000g,采用蒸馏法测氮的质量分数,蒸出的氨用 50.00mL 0.5000mol/L H_3BO_3 标准溶液吸收,然后以溴甲酚绿与甲基红为指示剂,用 0.0500mol/L HCl 溶液 45.00mL 滴定,计算试样中氮的质量分数。 答:$\omega_N=19.08\%$

学习情境二　无腐蚀性产品的分析检测
——原盐分析

学习目标

(1) 掌握原盐分析测定方法与原理。

(2) 能熟练测定原盐任务中标准溶液的配制与标定。

(3) 掌握原盐测定中仪器的使用与维护。

工作任务

学习情境	学习目标	学习任务	授课方法
原盐分析检测	1. 掌握固体物质的取样方法 2. 掌握原盐生产方法,分析可能存在的物质 3. 查找相关材料制定分析检测指标 4. 能正确操作、维护使用仪器设备 5. 能准确配制标准溶液 6. 能准确处理分析检测结果 7. 根据国标分析原盐不合格的原因并就生产能提出合理化应用建议	1. 原盐的采样方法 2. 原盐中水分的测定 3. 原盐中水不溶物含量的测定 4. 原盐中氯离子含量的测定 5. 原盐中钙、镁离子含量的测定 6. 原盐中硫酸根含量的测定 7. 盐水中 NaCl 含量的测定 8. 原盐分析结果的表示和国标	任务驱动法、引导教学法、小组讨论法、录像教学法、演示和讲解法、边学边做

【知识目标】

(1) 掌握工业原盐的取样与保存方法。

(2) 掌握工业原盐分析测定的方法与原理。

(3) 掌握原盐测定仪器的使用与维护。

(4) 掌握工业原盐水中不溶物测定的方法与原理。

(5) 掌握原盐水中不溶物测定仪器的使用与维护。

(6) 掌握工业原盐水中氯离子含量测定的方法与原理。

(7) 掌握工业原盐水中氯离子含量测定标准溶液的配制与标定。

(8) 掌握原盐水中氯离子含量测定仪器的使用与维护。

(9) 掌握工业原盐水中钙、镁离子含量测定的方法与原理。

(10) 掌握工业原盐水中钙、镁离子含量测定标准溶液的配制与标定。

(11) 掌握原盐水中钙、镁离子含量测定仪器的使用与维护。

【能力目标】

(1) 能正确对工业原盐进行取样与保存。

(2) 能正确应用工业原盐测定的方法与原理。

(3) 能正确熟练的使用与维护分析测定仪器。

(4) 能正确运用原盐水中不溶物测定的方法与原理。

（5）能正确熟练的使用与维护分析测定仪器。

（6）能正确运用原盐水中氯离子含量测定的方法与原理。

（7）能正确熟练配制原盐水中氯离子含量测定标准溶液。

（8）能正确熟练的使用与维护分析测定仪器。

（9）能正确运用原盐水中钙、镁离子含量测定的方法与原理。

（10）能正确熟练配制原盐水中钙、镁离子含量测定标准溶液。

（11）能正确熟练的使用与维护分析测定仪器。

任务一　盐水中硫酸钠含量的测定

本方法适用于澄清桶进出口淡盐水、一次盐水、纯盐水中硫酸钠含量的测定。

一、测定原理（络合滴定法）

在微酸性条件下向待测试样中加入过量的 $BaCl_2$-$MgCl_2$ 混合溶液，使试样中的 SO_4^{2-} 全部与 Ba^{2+} 反应生成 $BaSO_4$ 沉淀。反应式为

$$SO_4^{2-} + BaCl_2 \rightleftharpoons BaSO_4 \downarrow + 2Cl^-$$

过量的钡盐在碱性及镁盐的存在下，以铬黑 T 为指示剂，用 EDTA 标准溶液进行回滴：

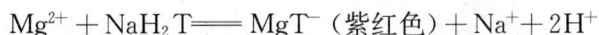

$$Mg^{2+} + NaH_2T \rightleftharpoons MgT^- （紫红色）+ Na^+ + 2H^+$$

$$MgT^- + Na_2H_2Y \rightleftharpoons MgY^{2-} （天蓝色）+ 2Na^+ + H^+ + HT^{2-}$$

然后做空白试验，通过空白试验消耗滴定剂 EDTA 标准溶液的体积，减去沉淀硫酸盐后剩余的钡、镁所消耗滴定剂体积，计算出消耗于沉淀硫酸盐的钡量，进而求出硫酸盐含量。

二、仪器和试剂

1. 仪器

吸量管（5mL）1 支，锥形瓶（250mL）4 个，漏斗，滤纸，酸式滴定管（50mL）1 支。

2. 试剂

EDTA 标准溶液：c_{EDTA} 0.05mol/L，三乙醇胺溶液：15%，盐酸溶液：1+1，氨性缓冲溶液（pH 10），乙醇（95%），铬黑 T 溶液（0.5%），$BaCl_2$-$MgCl_2$ 混合溶液：$c_{BaCl_2 \cdot MgCl_2}$ 0.01mol/L。

三、操作步骤

准确移取 5mL 待测试样于 250mL 三角瓶中，加盐酸 2 滴酸化，在不断摇动下，准确慢慢加入 $BaCl_2$-$MgCl_2$ 混合溶液 50mL，混匀后过滤，再加入 15% 三乙醇胺溶液 5mL，氨性缓冲溶液 5mL，95% 乙醇溶液 10mL，0.5% 铬黑 T 指示剂 5 滴，用 0.05mol/L 的 ED-TA 标准溶液滴定至溶液由紫红色变为纯蓝色为终点。同时做空白试验（空白试验不加试样，以 5mL 去离子水代替，其余步骤相同）。

四、数据处理

$$\rho_{Na_2SO_4} = [c \times (V_2 - V_1) \times 142]/5 = 28.4 \times c \times (V_2 - V_1)$$

式中　$\rho_{Na_2SO_4}$——Na_2SO_4 的含量,g/L;

$\qquad$ V_1——试样 EDTA 标准溶液的消耗体积,mL;

$\qquad$ V_2——空白试验 EDTA 标准溶液的消耗体积,mL;

$\qquad$ c——EDTA 标准溶液的浓度,mol/L;

$\qquad$ 142——每摩尔硫酸钠的克数,g/mol。

五、注意要点

(1) 三乙醇胺是掩蔽剂,防止重金属离子对测定的干扰。

(2) 加 10mL 乙醇的目的是使 $BaSO_4$ 完全沉淀,滴定终点明显。

(3) 接近终点时滴定速度不宜过快,每加入 1 滴 EDTA,均须剧烈摇动。

(4) 加盐酸酸化的目的是防止在碱性条件下生成氢氧化镁沉淀,进而影响滴定结果。

任务二　盐水中 NaCl 含量的测定

本方法适用于粗盐水(分析前须进行过滤)、凯膜过滤后盐水、一次盐水、纯盐水氯化钠含量。

一、测定原理(莫尔法)

在中性或弱碱性溶液中,$AgNO_3$ 和 NaCl 反应生成 AgCl 白色沉淀,用铬酸钾作指示剂,由于 AgCl 溶解度小于铬酸银,当 NaCl 反应完毕后,稍过量的 $AgNO_3$ 与 K_2CrO_4 反应生成砖红色的 Ag_2CrO_4 沉淀,而指示终点。反应式为

$$AgNO_3 + NaCl \Longrightarrow AgCl \downarrow (白) + NaNO_3$$
$$2AgNO_3 + K_2CrO_4 \Longrightarrow Ag_2CrO_4 \downarrow (砖红色) + 2KNO_3$$

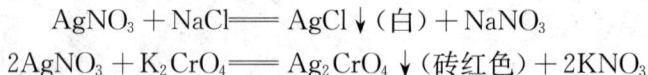

二、仪器和试剂

1. 仪器

吸量管(10mL)1 支,容量瓶(250mL)4 个,锥形瓶(250mL)4 个,棕色酸式滴定管(50mL)1 支。

2. 试剂

$AgNO_3$ 标准溶液:c_{AgNO_3} 0.1mol/L,K_2CrO_4 指示剂溶液:5%,H_2SO_4 溶液:c 0.01mol/L,酚酞溶液:0.1%。

三、操作步骤

准确移取 10mL 盐水溶液移入 250mL 容量瓶中,加水稀释至刻度摇匀,移取制备液 10mL 于 250mL 锥形瓶中,滴加 1~2 滴 0.1%酚酞溶液,若溶液显红色,以 0.01mol/L H_2SO_4 溶液中和至红色消失,再加 K_2CrO_4 指示剂 1mL,加水至约 50mL,在充分摇动下,用 0.1mol/L$AgNO_3$ 标准溶液滴定至溶液呈稳定的砖红色悬浊液,经充分摇动后不消失即为终点。

四、数据处理

$$\rho_{NaCl} = \frac{m_{NaCl}}{V_{NaCl}} = (c \times V \times 58.44)/(10 \times 10/250) + K = 146.1 \times c \times V + K$$

式中 ρ_{NaCl}——NaCl 的含量,g/L;

    c——AgNO$_3$ 标准溶液的浓度,mol/L;

    V——AgNO$_3$ 标准溶液的消耗体积,mL;

    58.44——NaCl 的摩尔质量,g/mol;

    K——NaCl 浓度的温度校正值(表 2-19)。

表 2-19　氯化钠浓度的温度校正值(K)

测定温度/℃	K/(g/L)	测定温度/℃	K/(g/L)
10	-1.30	28	$+1.22$
11	-1.18	29	$+1.36$
12	-1.06	30	$+1.50$
13	-0.94	31	$+1.66$
14	-0.82	32	$+1.82$
15	-0.70	33	$+1.98$
16	-0.56	34	$+2.14$
17	-0.42	35	$+2.30$
18	-0.28	36	$+2.48$
19	-0.14	37	$+2.66$
20	0.00	38	$+2.84$
21	$+0.16$	39	$+3.02$
22	$+0.32$	40	$+3.20$
23	$+0.48$	41	$+3.36$
24	$+0.64$	42	$+3.52$
25	$+0.80$	43	$+3.68$
26	$+0.94$	44	$+3.84$
27	$+1.08$	45	$+4.00$

五、注意要点

(1) 本方法必须控制在中性或微碱性溶液中滴定(pH6.5~10.5)。在酸性溶液中,由于铬酸银溶于酸,使测定结果偏高。而在碱性较大的溶液中,Ag$^+$ 又生成灰黑色 Ag$_2$O 沉淀,影响滴定终点的判断。

(2) 在滴定过程中,生成的 AgCl 沉淀能吸附 Cl$^-$,使铬酸银沉淀过早出现,造成滴定结果偏低。因此,在滴定时必须剧烈振荡溶液,使吸附的 Cl$^-$ 重新反应生成 AgCl 沉淀。

(3) 盐水的相对密度和比容随温度而变化,分析结果必须进行温度校正。

任务三　盐水中 NaOH 和 Na$_2$CO$_3$ 含量的测定

本方法适用于化盐水、粗盐水、凯膜过滤后盐水、一次盐水、纯盐水中 NaOH 和 Na$_2$CO$_3$ 含量的测定。

一、测定原理（双重指示剂法）

根据酸碱中和原理测定。首先用盐酸滴定,酚酞作指示剂,滴定到酚酞变色为第一等量点。此时 Na_2CO_3 转化成 $NaHCO_3$, NaOH 被全部中和。

反应方程式为

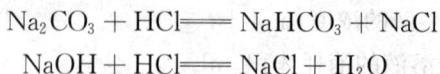

$$Na_2CO_3 + HCl = NaHCO_3 + NaCl$$
$$NaOH + HCl = NaCl + H_2O$$

然后加入甲基橙指示剂继续用盐酸滴定,至溶液颜色改变为第二等量点。此时, $NaHCO_3$ 完全被中和。

反应方程式为

$$NaHCO_3 + HCl = NaCl + H_2O + CO_2 \uparrow$$

二、仪器和试剂

1. 仪器

移液管(25mL)1 支,锥形瓶(250mL)4 个,酸式滴定管(50mL)1 支。

2. 试剂

盐酸标准溶液: c_{HCl} 0.10mol/L,酚酞溶液:0.1%,甲基橙溶液:0.1%。

三、操作步骤

取 25mL 冷至室温的盐水试样于 250mL 锥形瓶中,加 0.1% 酚酞指示剂 4~5 滴,在不断摇动下,用 0.1mL 的盐酸标准溶液滴定至溶液红色刚好退去为第一滴定终点,记录消耗盐酸的体积 V_1。然后加甲基橙指示剂 2~3 滴,继续用盐酸标准溶液滴定至溶液颜色变为橙红色为第二滴定终点,记录消耗盐酸的体积 V_2。

四、数据处理

$$\rho_{NaOH} = [c \times (V_1 - V_2) \times 40.00]/25 = 1.6 \times c \times (V_1 - V_2)$$
$$\rho_{Na_2CO_3} = (c \times 2V_2 \times 53.00)/25 = 4.24 \times c \times V_2$$

式中　　ρ_{NaOH}——NaOH 的含量,g/L;

　　　　$\rho_{Na_2CO_3}$——Na_2CO_3 的含量,g/L;

　　　　c——盐酸标准溶液的浓度,mol/L;

　　　　V_1——用酚酞作指示剂时,消耗盐酸的体积,mL;

　　　　V_2——用甲基橙作指示剂时,消耗盐酸的体积,mL;

　　　　40.00——NaOH 的摩尔质量,g/mol;

　　　　53.00——Na_2CO_3 的摩尔质量,g/mol。

五、注意要点

(1) 酚酞指示剂的用量对滴定结果影响较大。若用量不足,滴定时常常反应不完全,结果使 NaOH 含量偏低而 Na_2CO_3 含量偏高;若用量太多,因酚酞不溶于水而造成酚酞析出,致使溶液浑浊影响终点观察。

（2）在滴定过程中，盐酸要逐滴加入，并不断摇动溶液，以免局部过酸或第二步反应提前进行，致使 Na_2CO_3 含量偏低而 NaOH 含量偏高。

（3）凯膜（HVM 膜，制一次盐水时用的）过滤器前的试样应过滤。

（4）取出的样品试样应立即滴定，以防空气中的 CO_2 被溶液吸收而影响分析结果。

任务四　盐水中钙离子和镁离子含量的测定

本方法适用于预处理器出口盐水、凯膜过滤后盐水、一次盐水中钙离子和镁离子含量的测定。

一、测定原理（络合滴定法）

1. 钙离子测定原理

在 pH≈12～13 的碱性条件下，以钙试剂为指示剂，钙指示剂先与钙离子形成稳定性较差的络合物（酒红色），当用 EDTA 标准溶液滴定时，EDTA 即夺去络合物中的钙离子，游离出钙指示剂阴离子（蓝色）。滴定至溶液由酒红色变为蓝色为终点。用 NaH_2T 代表指示剂，Na_2H_2Y 代表 EDTA，反应方程式为

$$Ca^{2+} + NaH_2T = Na^+ + 2H^+ + CaT^- （酒红色）$$
$$CaT^- + Na_2H_2Y = CaY^{2-} + 2Na^+ + HT^{2-}（蓝色）+ H^+$$

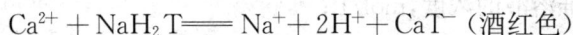

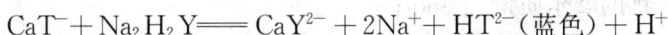

2. 镁离子测定原理

用氨性缓冲液调节试样的 pH 约为 10，用铬黑 T 为指示剂，铬黑 T 指示剂先与 Ca^{2+}、Mg^{2+} 形成稳定性较差的络合物（紫红色），当用 EDTA 标准溶液滴定时，EDTA 即夺去络合物中的 Ca^{2+}、Mg^{2+}，游离出铬黑 T 阴离子（纯蓝色）。用 EDTA 标准溶液滴定测得钙、镁离子总量，再从总量中减去钙离子含量即为镁离子含量。反应方程式为

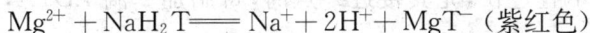

$$Mg^{2+} + NaH_2T = Na^+ + 2H^+ + MgT^-（紫红色）$$
$$MgT^- + Na_2H_2Y = MgY^{2-} + 2Na^+ + HT^{2-}（纯蓝色）+ H^+$$

二、仪器和试剂

1. 仪器

容量瓶（250mL）4 个，移液管（25mL）1 支，锥形瓶（250mL）4 个，酸式滴定管（50mL）1 支。

2. 试剂

EDTA：c 0.02mol/L，盐酸羟胺溶液（1%），三乙醇胺溶液（30%），氨性缓冲液（pH 10），NaOH 溶液（2mol/L），钙试剂（0.5%），铬黑 T 指示剂（0.2%），盐酸溶液（1mol/L）。

三、操作步骤

1. 钙含量的测定

取盐水试样 25mL 于 250mL 锥形瓶中，先用 1mol/L 盐酸滴定至 pH2，按顺序分别加入 1%盐酸羟胺溶液 1mL，30%三乙醇胺 1mL，逐滴加入 2mol/LNaOH 溶液 2mL，每次加入试剂后摇匀，再加入约 0.1g 钙指示剂，用 0.02mol/LEDTA 标准溶液滴定至溶液

由酒红色变为纯蓝色即为终点,记下所耗 EDTA 标准溶液的体积 V_1。

2. 钙镁总量的测定

取同一盐水试样 25mL 于 250mL 三角瓶中,先用 1mol/LHCl 溶液滴定至 pH2,顺序加入 1%盐酸羟胺溶液 1mL,30%三乙醇胺 1mL,氨性缓冲液 5mL,每次加入试剂后摇匀,再加入 15 滴铬黑 T 指示剂,用 EDTA 标准溶液滴定至溶液由紫红色变为纯蓝色即为终点,记下所耗 EDTA 标准溶液的体积 V_2。

四、数据处理

钙、镁含量按下式计算:

$$\rho_{Ca^{2+}} = (c \times V_1 \times 40.08 \times 1000)/25 = 1603.2 \times c \times V_1$$

$$\rho_{Mg^{2+}} = [c \times (V_2 - V_1) \times 24.32 \times 1000]/25 = 972.8 \times c \times (V_2 - V_1)$$

式中　$\rho_{Ca^{2+}}$——Ca^{2+} 的含量,g/L;

$\quad\quad\rho_{Mg^{2+}}$——Mg^{2+} 的含量,g/L;

$\quad\quad V_1$——滴定钙时,消耗 EDTA 标准溶液的体积,mL;

$\quad\quad V_2$——滴定钙镁总量时,消耗 EDTA 标准溶液的体积,mL;

$\quad\quad c$——EDTA 标准溶液的浓度,mol/L;

$\quad\quad 40.08$——钙的摩尔质量,g/mol;

$\quad\quad 24.32$——镁的摩尔质量,g/mol。

五、注意要点

(1) 加入三乙醇胺是作为掩蔽剂,防止 Fe^{3+}、Al^{3+} 等金属离子对测定的干扰。

(2) 加入盐酸羟胺溶液是为了防止铬蓝黑指示剂被氧化退色。

(3) 络合滴定速度不宜过快,尤其接近终点时,每滴加一滴 EDTA,均需要做剧烈摇动。

(4) 加入 NaOH 溶液时应慢慢滴入,防止沉淀现象的发生。

(5) 所配制的铬蓝黑指示剂使用期限不得超过一个月。

任务五　盐水中游离氯含量的测定

本方法适用于一次盐水加压泵出口盐水、凯膜过滤后盐水、一次盐水、纯盐水、阳极液、真空脱氯后淡盐水中游离氯含量的测定。

一、测定原理

在酸性条件下,游离氯能将碘离子氧化为游离碘,游离碘用硫代硫酸钠标准溶液滴定。反应式为

$$Cl_2 + 2KI = 2KCl + I_2$$

$$NaClO + 2KI + 2CH_3COOH = NaCl + H_2O + 2CH_3COOK + I_2$$

$$I_2 + 2Na_2S_2O_3 = 2NaI + Na_2S_4O_6$$

二、仪器和试剂

1. 仪器

碘量瓶(250mL)4 个,移液管(50mL)1 支,锥形瓶(250mL)4 个,四氟滴定管(50mL)1 支。

2. 试剂

硫代硫酸钠标准溶液:$c_{Na_2S_2O_3}$ 0.02mol/L,乙酸溶液:20%,碘化钾溶液:10%,淀粉溶液:1.0%。

三、操作步骤

在 250mL 碘量瓶中加入 10%碘化钾溶液 10mL、20%乙酸溶液 10mL,再迅速加入冷至室温的试样 100mL,加盖摇匀,于暗处静置 10min 后,用 0.02mol/L 硫代硫酸钠标准溶液通过微量滴定管滴定至溶液呈浅黄色,再加入 1.0%淀粉指示剂 2mL,继续用的 0.02mol/L 硫代硫酸钠标准溶液滴定至蓝色恰好消失为终点。

四、数据处理

游离氯按下式计算:

$$\rho_{游离氯} = (c \times V \times 35.45 \times 1000)/25 = 1418 \times c \times V$$

式中　$\rho_{游离氯}$——游离氯的含量,mg/L;

V——硫代硫酸钠标准溶液的体积,mL;

c——硫代硫酸钠标准溶液的浓度,mol/L;

35.45——氯的摩尔质量,g/mol。

五、注意要点

(1)试样应保持在室温条件下进行测定。

(2)淀粉指示剂发生混浊时不能使用。

(3)在测定时应迅速加入试样,并立即加盖密闭,防止碘逸出。

(4)在测定游离氯含量较高的试样时,应选用较高浓度的硫代硫酸钠标准溶液,故在测定阳极液中游离氯含量时宜选用 0.1mol/L 硫代硫酸钠标准溶液。

任务六　盐水中 $NaClO_3$ 含量的测定(不存在游离氯)

本方法适用于纯盐水中 $NaClO_3$ 含量的测定。

一、测定原理

用浓盐酸和 KI 与氯酸盐发生氧化还原反应,释放出游离态的碘,然后再用硫代硫酸钠溶液滴定。反应方程式为

$$NaClO_3 + 6HCl == NaCl + 3Cl_2 + 3H_2O$$

$$Cl_2 + 2KI == 2KCl + I_2$$

$$I_2 + 2Na_2S_2O_3 == 2NaI + Na_2S_4O_6$$

二、仪器和试剂

1. 仪器

碘量瓶(250mL)4 个,吸量管(5mL)1 支,移液管(50mL)1 支,锥形瓶(250mL)4 个,四氟滴定管(50mL)1 支。

2. 试剂

硫代硫酸钠标准溶液:$c_{Na_2S_2O_3}$ 0.1mol/L,盐酸溶液:1+1,KI 溶液:5.0%,淀粉溶液:1.0%,KBr 溶液:20%。

三、操作步骤

在 250mL 碘量瓶中加入 20%的 KBr 溶液 2mL 和 5.0%的 KI 溶液 10mL 及(1+1)的盐酸溶液 20mL,然后再迅速放入准确移取的 5mL 盐水试样,并迅速用塞子塞往瓶口,绕瓶颈壁周围放少量 KI 溶液密封,加盖摇匀后,于暗处静置 5min。使瓶内溶液混合均匀后,去掉塞子并加 50mL 水,用 0.1mol/L 硫代硫酸钠标准溶液滴定至浅黄色,然后加入1.0%的淀粉指示剂 2mL,继续滴定至蓝色恰好消失为终点。

四、数据处理

$$\rho_{NaClO_3} = (c \times V \times 106.5/6)/5 = 3.55 \times c \times V$$

式中　ρ_{NaClO_3}——NaClO$_3$ 的含量,g/L;

　　　c——硫代硫酸钠标准溶液的浓度,mol/L;

　　　V——硫代硫酸钠标准溶液消耗的体积,mL;

　　　106.5——NaClO$_3$ 的摩尔质量,g/mol。

任务七　盐水中 Na_2SO_3 含量的测定(滴定分析)

本方法适用于凯膜过滤后盐水、化学脱氯后淡盐水中 Na_2SO_3 含量的测定。

一、测定原理

加入已知过量的碘标准溶液,使其与亚硫酸钠充分发生氧化还原反应,过量的碘在酸性溶液中,用硫代硫酸钠标准溶液回滴至终点。反应方程式为

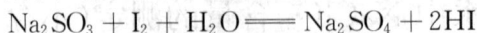

$$Na_2SO_3 + I_2 + H_2O \rule[0.5ex]{1.5em}{0.4pt} Na_2SO_4 + 2HI$$
$$I_2 + 2Na_2S_2O_3 \rule[0.5ex]{1.5em}{0.4pt} Na_2S_4O_6 + 2NaI$$

二、仪器和试剂

1. 仪器

碘量瓶(250mL)4 个,移液管(25mL)1 支,移液管(50mL)1 支,锥形瓶(250mL)4 个,四氟滴定管(50mL)1 支。

2. 试剂

碘标准溶液($c_{1/2I_2}$ 0.01mol/L),硫代硫酸钠标准溶液:$c_{Na_2S_2O_3}$(0.02mol/L),盐酸溶液(1+1),淀粉溶液(1.0%)。

三、操作步骤

准确移取 0.01mol/L 碘标准溶液 10mL 于 250mL 碘量瓶中,加无离子水 50mL,再迅速加入试样 25mL,塞紧摇匀,水封并静置 10min 后,再加盐酸溶液 1mL,摇匀,用 0.02mol/L 的 $Na_2S_2O_3$ 标准溶液滴定至溶液浅黄色时,加入 1.0%淀粉溶液指示剂 2mL,继续滴定至蓝色恰好消失为终点。同时做空白试验(空白试验不加试样,以 10mL 无离子水代替,其余步骤相同)。

四、数据处理

Na_2SO_3 含量按下式计算:

$$\rho_{Na_2SO_3} = c \times (V_2 - V_1) \times 63.02/25 = 2.52 \times c \times (V_2 - V_1)$$

式中　$\rho_{Na_2SO_3}$——Na_2SO_3 的含量,g/L;

V_1——试样消耗 $Na_2S_2O_3$ 标准溶液的体积,mL;

V_2——空白试验中消耗 $Na_2S_2O_3$ 标准溶液的体积,mL;

c——$Na_2S_2O_3$ 标准溶液的浓度;mol/L;

63.02——亚硫酸钠的摩尔质量 g/mol。

五、注意要点

如果试样中亚硫酸钠浓度较高,可适当提高碘标准溶液的加入量。

任务八　盐水中固体悬浮物(SS)含量的测定

本方法适用于凯膜过滤后盐水、一次盐水中固体悬浮物(SS)含量的测定。

一、测定原理

精制后的盐水中含有少量的固体颗粒,颗粒直径在 $0.3\sim1\mu m$;可用特殊的过滤器和过滤膜过滤,然后干燥称重,干燥前的质量减去干燥后的质量即为固体悬浮物的质量。

二、仪器和试剂

1. 仪器

分析天平:精度 0.1mg,全玻砂芯过滤器:过滤托架 47mm,聚四氟乙烯过滤膜:全氟多孔型,孔径 $0.22\mu m$,型号 FLUROPORE[TV],牌号 FP030 或相当品种。

2. 试剂

乙醇(分析纯),高纯水。

三、操作步骤

(1) 用洁净的取样桶取足量的试样(一般不少于 3000mL),冷却至室温后,用量筒准确量取试样 1000mL。

（2）取一张过滤膜，放入一干燥洁净的称量瓶中，然后用烘箱在 103～105℃的恒温条件下烘干 30min，在干燥器中冷却 30min，用分析天平准确称重（准确至 0.001g）。再烘干 30min，冷却 30min，再次称重。两次称重差值不能大于 0.3mg，如果大于 0.3mg，重新烘干称重。取两次称重的平均值记为过滤前过滤膜与称重瓶的总质量 m_1。

（3）将称重后的过滤膜放入乙醇溶液中浸泡 2～3min，使之呈半透明状态，然后用高纯水充分洗净。

（4）将过滤膜放在过滤器托架上，正确密合，安装牢固。开动水喷式真空泵，加入待测盐水试样，进行抽滤。

（5）当试样加完后，用高纯水冲净量筒底部的沉淀物，一并过滤。

（6）当试样全部滤完后，每次用 100mL 高纯水洗涤过滤膜，共冲洗 10 次以充分洗净过滤膜上残留的氯化钠。洗涤完毕后，继续抽滤直到过滤膜上没有水为止。

（7）取出过滤膜，放入同一称量瓶中，然后用烘箱在 103～105℃的恒温条件下烘干 2h，再在干燥器中冷却 30min，用分析天平准确称重（准确至 0.001g）。再烘干 30min，冷却 15min 再次称重。两次称重差值不能大于 0.3mg，如果大于 0.3mg，重新烘干称重。取两次称重的平均值记为过滤后过滤膜与称重瓶的总质量 m_2。

四、数据处理

$$\rho_{SS} = (m_2 - m_1)/(V \times 1000)$$

式中　　ρ_{SS}——SS 的含量，mg/L；

　　　　V——试样的体积，mL；

　　　　m_1——过滤前过滤膜与称重瓶的总质量，mg；

　　　　m_2——过滤后过滤膜与称重瓶的总质量，mg。

理 论 知 识

一、配位滴定概述

配位滴定法是以配位反应为基础的滴定分析方法，亦称络合滴定法。

在化学反应中，配位反应是非常普遍的。但在 1945 年氨羧配位体用于分析化学以前，配位滴定法的应用却非常有限，这是由于许多无机配合物不够稳定，不符合滴定反应的要求；在配位过程中有逐级配位现象产生，各级稳定常数相差又不大，以至滴定终点不明显。自从滴定分析中引入了氨羧配位体之后，配位滴定法才得到了迅速的发展。

氨羧配位体可与金属离子形成很稳定且组成一定的配合物，克服了无机配位体的缺点。利用氨羧配位体进行定量分析的方法又称为氨羧配位滴定。可以直接或间接测定许多种元素。

氨羧配位体是一类含有以氨基二乙酸基团[—N(CH_2COOH)_2]为基体的有机配位体，它含有配位能力很强的氨氮和羧氧两种配位原子，能与多数金属离子形成稳定的可溶

性配合物。氨羧配位体的种类很多,比较重要的有:

乙二胺四乙酸(简称 EDTA):

$$HOOCCH_2 \quad\quad\quad\quad CH_2COOH$$
$$N-CH_2-CH_2-N$$
$$HOOCCH_2 \quad\quad\quad\quad CH_2COOH$$

环己烷二胺四乙酸(简称 CDTA 或 DCTA):

$$\begin{matrix} & H_2 & & CH_2COO^- \\ & C & & \\ H_2C & CH-\overset{+}{N}H & & \\ & & & CH_2COOH \\ & & & CH_2COO^- \\ H_2C & CH-\overset{+}{N}H & & \\ & C & & CH_2COOH \\ & H_2 & & \end{matrix}$$

乙二醇二乙醚二胺四乙酸(简称 EGTA):

$$\begin{matrix} & & & CH_2COO^- \\ CH_2-O-CH_2-CH_2-\overset{+}{N}H & & \\ & & & CH_2COOH \\ & & & CH_2COO^- \\ CH_2-O-CH_2-CH_2-\overset{+}{N}H & & \\ & & & CH_2COOH \end{matrix}$$

乙二胺四丙酸(简称 EDTP):

$$\begin{matrix} & & CH_2CH_2COO^- \\ CH_2-\overset{+}{N}H & & \\ & & CH_2CH_2COOH \\ & & CH_2CH_2COO^- \\ CH_2-\overset{+}{N}H & & \\ & & CH_2CH_2COOH \end{matrix}$$

在配位滴定中,以乙二胺四乙酸最为重要。

二、乙二胺四乙酸的性质及其配合物

(一)乙二胺四乙酸及其二钠盐

乙二胺四乙酸(简称 EDTA)是一种四元酸。习惯上用 H_4Y 表示。由于它在水中的溶解度很小(在 22℃时,每 100mL 水中仅能溶解 0.02g),故常用它的二钠盐 $Na_2H_2Y \cdot$

$2H_2O$，一般也简称 EDTA。后者的溶解度大（在 $22℃$ 时，每 $100mL$ 水中能溶解 $11.1g$），其饱和水溶液的浓度约为 $0.3mol/L$。在水溶液中，乙二胺四乙酸具有双偶极离子结构：

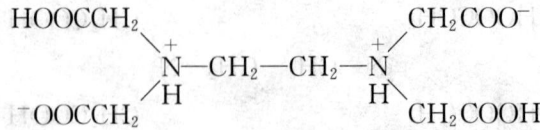

$$\begin{array}{ccc} HOOCCH_2 & & CH_2COO^- \\ & \overset{+}{\underset{H}{N}}-CH_2-CH_2-\overset{+}{\underset{H}{N}} & \\ {}^-OOCCH_2 & & CH_2COOH \end{array}$$

此外，2 个羧酸根还可以接受质子，当酸度很高时，EDTA 便转变成六元酸 H_6Y^{2+}，在水溶液中存在着以下一系列的解离平衡：

$$H_6Y^{2+} \rightleftharpoons H^+ + H_5Y^+ \quad K_{a1} = \frac{[H^+][H_5Y^+]}{[H_6Y^{2+}]} = 10^{-0.9}$$

$$H_5Y^+ \rightleftharpoons H^+ + H_4Y \quad K_{a2} = \frac{[H^+][H_4Y]}{H_5Y^+} = 10^{-1.6}$$

$$H_4Y \rightleftharpoons H^+ + H_3Y^- \quad K_{a3} = \frac{[H^+][H_3Y^-]}{[H_4Y]} = 10^{-2.0}$$

$$H_3Y^- \rightleftharpoons H^+ + H_2Y^{2-} \quad K_{a4} = \frac{[H^+][H_2Y^{2-}]}{H_3Y^-} = 10^{-2.67}$$

$$H_2Y^{2-} \rightleftharpoons H^+ + HY^{3-} \quad K_{a5} = \frac{[H^+][HY^{3-}]}{[H_2Y^{2-}]} = 10^{-6.16}$$

$$HY^{3-} \rightleftharpoons H^+ + Y^{4-} \quad K_{a6} = \frac{[H^+][Y^{4-}]}{[HY^{3-}]} = 10^{-10.26}$$

可见 EDTA 在水溶液中以 H_6Y^{2+}、H_5Y^+、H_4Y、H_3Y^-、H_2Y^{2-}、HY^{3-} 和 Y^{4-} 等七种型体存在，当 pH 不同时，各种存在型体所占的分布分数 δ 是不同的。根据计算，可以绘制不同 pH 时 EDTA 溶液中各种存在型体的分布曲线，如图 2-8 所示。

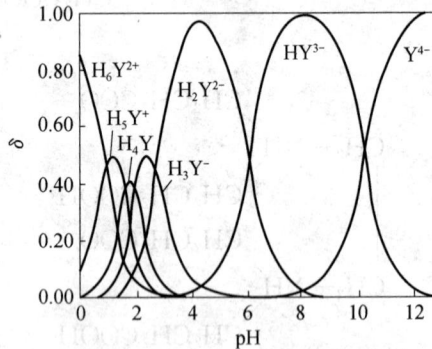

图 2-8　EDTA 各种存在型体在不同 pH 时的分布曲线

在不同 pH 时，EDTA 的主要存在型体列于表 2-20 中。

表 2-20　不同 pH 时，EDTA 的主要存在型体

pH	<1	1~1.6	1.6~2	2~2.7	2.7~6.2	6.2~10.3	>10.3
主要存在型体	H_6Y^{2+}	H_5Y^+	H_4Y	H_3Y^-	H_2Y^{2-}	HY^{3-}	Y^{4-}

在这七种型体中,只有 Y^{4-} 能与金属离子直接配位。所以溶液的酸度越低,Y^{4-} 的分布分数越大,EDTA 的配位能力越强。

(二) EDTA 与金属离子的配合物

EDTA 分子具有 2 个氨氮原子和 4 个羧氧原子,都有孤对电子,即有 6 个配位原子。因此,绝大多数的金属离子均能与 EDTA 形成多个五元环,例如 EDTA 与 Ca^{2+}、Fe^{3+} 的配合物的结构如图 2-9 所示。

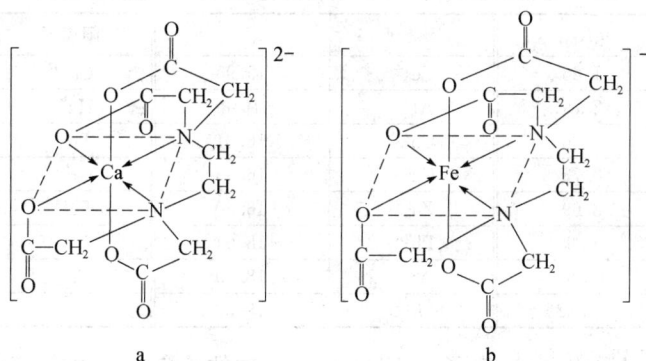

图 2-9 EDTA 与 Ca^{2+}、Fe^{3+} 的配合物的结构示意图

a. Ca^{2+} 与 EDTA 的配合物的结构;b. Fe^{3+} 与 EDTA 的配合物的结构

从图 2-9 可以看出,EDTA 与金属离子形成五个五元环:四个 O—C—C—N 五元环及一个 N—C—C—N 五元环,具有这类环状结构的螯合物是很稳定的。

由于多数金属离子的配位数不超过 6,所以 EDTA 与大多数金属离子可形成 1:1 型的配合物,只有极少数金属离子,如锆(Ⅳ)和钼(Ⅵ)等例外。

无色的金属离子与 EDTA 配位时,则形成无色的螯合物,有色的金属离子与 EDTA 配位时,一般则形成颜色更深的螯合物。例如:

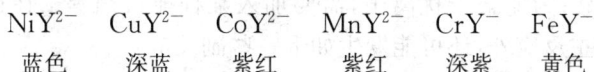

$$NiY^{2-} \quad CuY^{2-} \quad CoY^{2-} \quad MnY^{2-} \quad CrY^{-} \quad FeY^{-}$$
$$\text{蓝色} \quad \text{深蓝} \quad \text{紫红} \quad \text{紫红} \quad \text{深紫} \quad \text{黄色}$$

综上所述,EDTA 与绝大多数金属离子形成的螯合物具有下列特点:(1) 计量关系简单,一般不存在逐级配位现象;(2) 配合物十分稳定,且水溶性极好,使配位滴定可以在水溶液中进行。这些特点使 EDTA 滴定剂完全符合分析测定的要求,而被广泛使用。

三、配位解离平衡及影响因素

(一) EDTA 与金属离子的主反应及配合物的稳定常数

EDTA 与金属离子大多形成 1:1 型的配合物,反应通式为

$$M^{n+} + Y^{4-} \rightleftharpoons MY^{4-n}$$

书写时省略离子的电荷数,简写为

$$M + Y \Longleftrightarrow MY$$

此反应为配位滴定的主反应。平衡时配合物的稳定常数为

$$K_{MY} = \frac{[MY]}{[M][Y]}$$

常见金属离子与 EDTA 所形成的配合物的稳定常数列于表 2-21 中。

表 2-21　EDTA 与一些常见金属离子的配合物的稳定常数（溶液离子强度 $I=0.1,20℃$）

阳离子	$\lg K_{MY}$	阳离子	$\lg K_{MY}$	阳离子	$\lg K_{MY}$
Na^+	1.66	Ce^{3+}	15.98	Cu^{2+}	18.80
Li^+	2.79	Al^{3+}	16.3	Hg^{2+}	21.8
Ba^{2+}	7.86	Co^{2+}	16.31	Th^{4+}	23.2
Sr^{2+}	8.73	Cd^{2+}	16.46	Cr^{3+}	23.4
Mg^{2+}	8.69	Zn^{2+}	16.50	Fe^{3+}	25.1
Ca^{2+}	10.69	Pb^{2+}	18.04	U^{4+}	25.80
Mn^{2+}	13.87	Y^{3+}	18.09	Bi^{3+}	27.94
Fe^{2+}	14.32	Ni^{2+}	18.62	—	—

从表 2-21 可以看出,金属离子与 EDTA 配合物的稳定性随金属离子的不同而差别较大。碱金属离子的配合物最不稳定,$\lg K_{MY}$ 在 $2\sim3$;碱土金属离子的配合物,$\lg K_{MY}$ 在 $8\sim11$;二价及过渡金属离子、稀土元素及 Al^{3+} 的配合物,$\lg K_{MY}$ 在 $15\sim19$;三价、四价金属离子和 Hg^{2+} 的配合物,$\lg K_{MY}>20$。这些配合物的稳定性的差别,主要决定于金属离子本身的离子电荷数、离子半径和电子层结构。离子电荷数越高,离子半径越大,电子层结构越复杂,配合物的稳定常数就越大。这些是金属离子方面影响配合物稳定性大小的本质因素。此外,溶液的酸度、温度和其他配位体的存在等外界条件的变化也影响配合物的稳定性。

（二）副反应及副反应系数

实际分析工作中,配位滴定是在一定的条件下进行的。例如,为控制溶液的酸度,需要加入某种缓冲溶液;为掩蔽干扰离子,需要加入某种掩蔽剂等。在这种条件下配位滴定,除了 M 和 Y 的主反应外,还可能发生如下一些副反应:

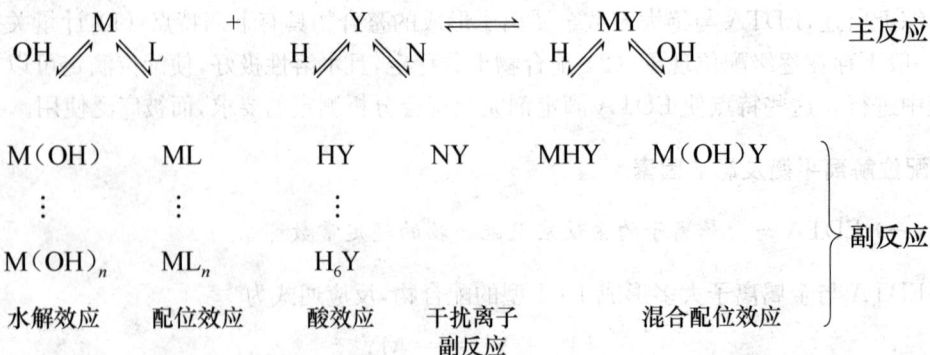

式中:L 为辅助配位体;N 为干扰离子。

反应物 M 或 Y 发生副反应,不利于主反应的进行。反应产物 MY 发生副反应,则有利于主反应进行,但这些混合配合物大多不太稳定,可以忽略不计。下面主要讨论对配位平衡影响较大的酸效应和配位效应。

1. EDTA 的酸效应及酸效应系数

式 $K_{MY} = \dfrac{[MY]}{[M][Y]}$ 中 K_{MY} 是描述在没有任何副反应时,配位反应进行的程度。当 Y 与 H 发生副反应时,未与金属离子配位的配位体除了游离的 Y 外,还有 HY,H$_2$Y,…,$i\%$Y 等,因此未与 M 配位的 EDTA 浓度应等于以上七种形式浓度的总和,以 $[Y']$ 表示:

$$[Y'] = [Y] + [HY] + \cdots + [H_6Y]$$

由于氢离子与 Y 之间的副反应,使 EDTA 参加主反应的能力下降,这种现象称为酸效应。其影响程度的大小,可用酸效应系数 $\alpha_{Y(H)}$ 来衡量:

$$\alpha_{Y(H)} = \frac{[Y']}{[Y]}$$

$\alpha_{Y(H)}$ 表示在一定 pH 下未与金属离子配位的 EDTA 各种形式总浓度是游离的 Y 浓度的多少倍。显然,$\alpha_{Y(H)}$ 是 Y 的分布分数 δ_Y 的倒数。即

$$\alpha_{Y(H)} = \frac{[Y] + [HY] + \cdots + [H_6Y]}{[Y]} = \frac{1}{\delta_Y}$$

经推导可得
$$\alpha_{Y(H)} = 1 + \frac{[H]}{K_{a6}} + \frac{[H]^2}{K_{a6}K_{a5}} + \cdots + \frac{[H]^6}{K_{a6}K_{a5}\cdots K_{a1}}$$

式中,K_{a1},K_{a2},…,K_{a6} 是 EDTA 的各级解离常数,根据各级解离常数值,按式 $\alpha_{Y(H)} = 1 + \dfrac{[H]}{K_{a6}} + \dfrac{[H]^2}{K_{a6}K_{a5}} + \cdots + \dfrac{[H]^6}{K_{a6}K_{a5}\cdots K_{a1}}$ 可以计算出在不同 pH 下的 $\alpha_{Y(H)}$ 值。$\alpha_{Y(H)} = 1$,说明 Y 没有副反应,$\alpha_{Y(H)}$ 值越大,酸效应越严重。

【例 2-13】 计算 pH 5.0 时 EDTA 的酸效应系数 $\alpha_{Y(H)}$。

解 已知 EDTA 的各级解离常数 $K_{a1} \sim K_{a6}$ 分别为 $10^{-0.9}$,$10^{-1.6}$,$10^{-2.0}$,$10^{-2.67}$,$10^{-6.16}$,$10^{-10.26}$,所以 pH 5.0 时,

$$\alpha_{Y(H)} = 1 + \frac{10^{-5.0}}{10^{-10.26}} + \frac{10^{-10.0}}{10^{-16.42}} + \frac{10^{-15.0}}{10^{-19.09}} + \frac{10^{-20.0}}{10^{-21.09}} + \frac{10^{-25.0}}{10^{-22.69}} + \frac{10^{-30.0}}{10^{-23.59}}$$

$$= 1 + 10^{5.26} + 10^{6.42} + 10^{4.09} + 10^{1.09} + 10^{-2.31} + 10^{-6.41}$$

$$\approx 10^{6.45}$$

$$\lg\alpha_{Y(H)} = 6.45$$

将不同 pH 时的 $\lg\alpha_{Y(H)}$ 值列于表 2-22。从表 2-22 可以看出,多数情况下 $\alpha_{Y(H)}$ 不等于 1,$[Y']$ 总是大于 $[Y]$,只有在 pH>12 时,$\alpha_{Y(H)}$ 才等于 1,EDTA 几乎完全解离为 Y,此时 EDTA 的配位能力最强。

表 2-22　不同 pH 时的 $\lg\alpha_{Y(H)}$ 值

pH	$\lg\alpha_{Y(H)}$	pH	$\lg\alpha_{Y(H)}$	pH	$\lg\alpha_{Y(H)}$
0.0	23.64	3.4	9.70	6.8	3.55
0.4	21.32	3.8	8.85	7.0	3.32
0.8	19.08	4.0	8.44	7.5	2.78
1.0	18.01	4.4	7.64	8.0	2.27
1.4	16.02	4.8	6.84	8.5	1.77
1.8	14.27	5.0	6.45	9.0	1.28
2.0	13.51	5.4	5.69	9.5	0.83
2.4	12.19	5.8	4.98	10.0	0.45
2.8	11.09	6.0	4.65	11.0	0.07
3.0	10.60	6.4	4.06	12.0	0.01

2. 金属离子的配位效应及配位效应系数

金属离子的配位效应是指溶液中其他配位体(辅助配位体、缓冲溶液中的配位体或掩蔽剂等)能与金属离子配位所产生的副反应,使金属离子参加主反应能力降低的现象。当有配位效应存在时,未与 Y 配位的金属离子,除游离的 M 外,还有 ML,ML$_2$,…,ML$_n$ 等,以 [M′] 表示未与 Y 配位的金属离子总浓度,则

$$[M'] = [M] + [ML] + [ML_2] + \cdots + [ML_n]$$

由于 L 与 M 配位使 [M] 降低,影响 M 与 Y 的主反应,其影响可用配位效应系数 $\alpha_{Y(H)}$ 表示:

$$\alpha_{M(L)} = \frac{[M']}{[M]} = \frac{[M] + [ML] + [ML_2] + \cdots + [ML_n]}{[M]}$$

$\alpha_{M(L)}$ 表示未与 Y 配位的金属离子的各种形式的总浓度是游离金属离子浓度的多少倍。当 $\alpha_{M(L)} = 1$ 时,[M′] = [M],表示金属离子没有发生副反应,$\alpha_{M(L)}$ 值越大,副反应越严重。

若用 $K_1,K_2,\cdots,K_n$,表示配合物 ML$_n$,的各级稳定常数,即配位平衡各级稳定常数

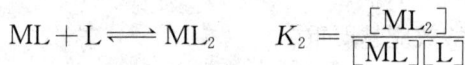

$$M + L \Longrightarrow ML \qquad K_1 = \frac{[ML]}{[M][L]}$$

$$ML + L \Longrightarrow ML_2 \qquad K_2 = \frac{[ML_2]}{[ML][L]}$$

$$\vdots \qquad\qquad\qquad \vdots$$

$$ML_{n-1} + L \Longrightarrow ML_n \quad K_n = \frac{[ML_n]}{[ML_{n-1}][L]}$$

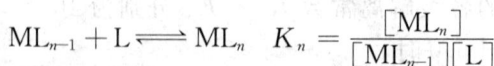

将 K 的关系式代入式 $\alpha_{M(L)} = \dfrac{[M']}{[M]} = \dfrac{[M] + [ML] + [ML_2] + \cdots + [ML_n]}{[M]}$,并整理得:

$$\alpha_{M(L)} = 1 + [L]K_1 + [L]^2 K_1 K_2 + \cdots + [L]^n K_1 K_2,\cdots,K_n$$

化学手册中还常常给出配合物的累积稳定常数(β_i)的数据,β_i 与稳定常数 K_i 之间的关系为

$$\beta_1 = K_1$$
$$\beta_2 = K_1 K_2$$
$$\vdots$$
$$\beta_n = K_1 K_2 \cdots K_n$$

将 β 的关系式代入式 $\alpha_{M(L)} = 1 + [L]K_1 + [L]^2K_1K_2 + \cdots + [L]^nK_1K_2,\cdots,K_n$ 得

$$\alpha_{M(L)} = 1 + \beta_1[L] + \beta_2[L]^2 + \cdots + \beta_n[L]^n$$

可以看出,游离配位体的浓度越大,或其配合物稳定常数越大,则配位效应系数越大,不利于主反应的进行。

(三)条件稳定常数

在没有任何副反应存在时,配合物 MY 的稳定常数用 K_{MY} 表示,它不受溶液浓度、酸度等外界条件影响,所以又称绝对稳定常数。当 M 和 Y 的配合反应在一定的酸度条件下进行,并有 EDTA 以外的其他配位体存在时,将会引起副反应,从而影响主反应的进行。此时,稳定常数 K_{MY} 已不能客观地反映主反应进行的程度,稳定常数的表达式中,Y 应以 Y′替换,M 应以 M′替换,这时配合物的稳定常数应表示为

$$K'_{MY} = \frac{[MY]}{[M'][Y']}$$

这种考虑副反应影响而得出的实际稳定常数称为条件稳定常数。K'_{MY} 是条件稳定常数的笼统表示,有时为明确表示哪个组分发生了副反应,可将"′"写在发生副反应的该组分符号的右上方。

配位滴定法中,一般情况下,对主反应影响较大的副反应是 EDTA 的酸效应和金属离子的配位效应,其中尤以酸效应影响更大。如不考虑其他副反应,仅考虑 EDTA 的酸效应,则为

$$K_{MY'} = \frac{[MY]}{[M][Y']} = \frac{K_{MY}}{\alpha_{Y(H)}}$$

上式是讨论配位平衡的重要公式,它表明 MY 的条件稳定常数随溶液的酸度而变化。

【例 2-14】 设只考虑酸效应,计算 pH 2.0 和 pH 5.0 时 ZnY 的 K'_{ZnY}。

解 (1) pH 2.0 时,查表 2-22 得 $\lg\alpha_{Y(H)} = 13.51$,$\lg K_{ZnY} = 16.50$。故

$$\lg K'_{ZnY} = 16.50 - 13.51 = 2.99$$
$$K'_{ZnY} = 10^{2.99}$$

(2) pH 5.0 时,查表 2-22 得 $\lg\alpha_{Y(H)} = 6.45$。故

$$\lg K'_{ZnY} = 16.50 - 6.45 = 10.05$$
$$K'_{ZnY} = 10^{10.05}$$

以上计算表明,pH 5.0 时 ZnY 稳定,而 pH 2.0 时 ZnY 不稳定。所以为使配位滴定顺利进行,得到准确的分析测定结果,必须选择适当的酸度条件。

四、配位滴定法原理

(一)滴定曲线

与酸碱滴定情况相似,配位滴定时,在金属离子的溶液中,随着配位滴定剂的加入,金属离子不断发生配位反应,它的浓度也随之减小。在化学计量点附近,溶液中金属离子浓度发生突跃。图 2-10 为 EDTA 滴定 Ca^{2+} 的滴定曲线。由于 Ca^{2+} 既不易水解也不与其

他配位剂反应,只需考虑 EDTA 的酸效应,利用式 $K_{MY'} = \dfrac{[MY]}{[M][Y']} = \dfrac{K_{MY}}{\alpha_{Y(H)}}$ 即可计算不同阶段溶液中被滴定的 Ca^{2+} 的浓度,计算的思路类同于酸碱滴定。

从图 2-10 可以看出,用 EDTA 滴定 Ca^{2+},在化学计量点前一段曲线的位置仅随 EDTA 的滴入,Ca^{2+} 的浓度不断减小,后一段受 EDTA 的酸效应影响,pCa 数值随 pH 不同而不同。如果被滴定的金属离子是易与其他配位体配合或易水解的离子,则滴定曲线同时受酸效应和配位效应影响。图 2-11 是 EDTA 滴定 Ni^{2+} 的滴定曲线,由于在氨缓冲溶液中 Ni^{2+} 易与 NH_3 配位,生成较稳定的 $Ni(NH_3)_4^{2+}$,使游离的 Ni^{2+} 的浓度减小,因而滴定曲线在化学计量点前一段的位置升高。化学计量点后一段曲线的位置,主要受 EDTA 酸效应的影响,和图 2-10 的情况一样。

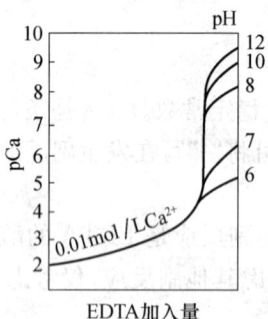

图 2-10　0.01mol/L EDTA 滴定
0.01mol/L Ca^{2+} 的滴定曲线

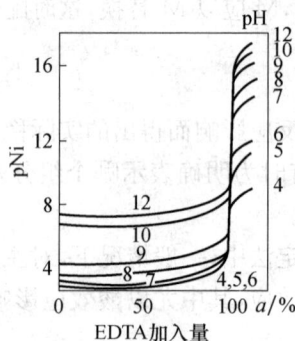

图 2-11　0.001mol/L Ni^{2+} 溶液
用 EDTA 滴定的滴定曲线
溶液中$[NH_3]+[NH_4^+]=0.1mol/L$

配位滴定中,滴定突跃的大小决定于配合物的条件稳定常数 K_{MY}' 和金属离子的起始浓度。配合物的条件稳定常数越大,滴定突跃的范围就越大;当 K_{MY}' 一定时,金属离子的起始浓度越大,滴定突跃的范围就越大。

(二)酸效应曲线和滴定金属离子的最小 pH

在 pH 2.0 时,ZnY 的条件稳定常数 K_{ZnY}' 仅为 $10^{2.99}$,配位反应不完全,显然在该酸度条件下不能进行滴定;当将酸度降低(即提高 pH)时,$lg\alpha_{Y(H)}$ 变小,有利于形成更多的配合物,配合反应趋向完全,于 pH 5.0 时,$K_{ZnY}'=10^{10.05}$,说明 ZnY 已相当稳定,能够进行滴定分析。这表明,对于配合物 ZnY 来说,在 pH2.0~5.0,存在着可以滴定与不可以滴定的界限。因此,需要求出对不同的金属离子进行滴定时,允许的最高酸度,即最小 pH。

在配位滴定中,当目测终点与化学计量点二者 pM(pM$=-lg[M]$)的差值 ΔpM 为 $\pm 0.2pM$ 单位,允许的终点误差为 $\pm 0.1\%$ 时,根据有关公式,可推导出准确测定单一金属离子的条件是

$$lg(cK_{MY}') \geqslant 6$$

式中　c——金属离子的浓度。

对于 10^{-2} mol/L 的 Zn^{2+}，则式 $\lg(cK'_{MY}) \geqslant 6$ 改写为

$$\lg K'_{ZnY} \geqslant 8$$

将 $\lg K_{ZnY} = 16.50$，$\lg K'_{ZnY} \geqslant 8$ 代入式 $K_{MY'} = \dfrac{[MY]}{[M][Y']} = \dfrac{K_{MY}}{\alpha_{Y(H)}}$，可得 $\lg \alpha_{Y(H)} \leqslant 8.50$，查表 2-22 可知，当 $pH \geqslant 4.0$ 时，就可使 $\lg \alpha_{Y(H)} \leqslant 8.50$，进而保证 $\lg K'_{ZnY} \geqslant 8$，满足 $\lg(cK'_{MY}) \geqslant 6$ 的要求，即对 10^{-2} mol/L 的 Zn^{2+} 而言，当 $pH \geqslant 4.0$ 时，可以进行滴定；而 $pH < 4.0$，就不能保证准确测定，因而不能滴定，$pH 4.0$ 即为滴定 10^{-2} mol/L Zn^{2+} 的最小 pH。

对于不同的金属离子，可求出其允许的最小 pH，图 2-12 为 10^{-2} mol/L 金属离子在允许终点误差为 $\pm 0.1\%$ 时的最小 pH 所连成的曲线，称为 EDTA 酸效应曲线。从酸效应曲线可以方便地查到各种金属离子允许的最小 pH。例如，$\lg K_{FeY} = 25.1$，可查得 $pH 1.0$，要求在滴定 10^{-2} mol/L 的 Fe^{3+} 时，应使 $pH \geqslant 1.0$。

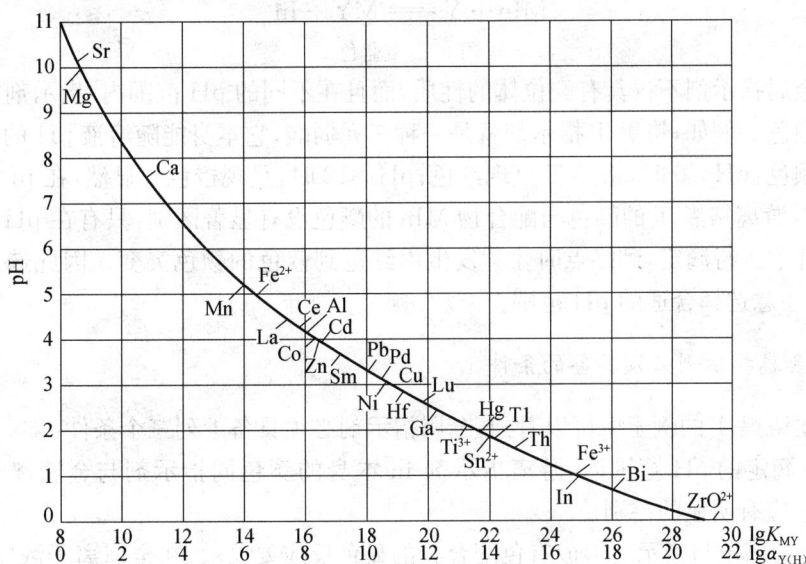

图 2-12　酸效应曲线

（金属离子浓度 0.01mol/L，允许测定的相对误差为 $\pm 0.1\%$）

实际测定某金属离子时，应将 pH 控制在大于最小 pH 且金属离子又不发生水解的范围之内。

最后强调指出，酸效应曲线是在一定条件和要求下得出的，只考虑了酸度对 EDTA 的影响，没有考虑酸度对金属离子和 MY 的影响，更没有考虑其他配位体存在的影响，因此它是较粗糙的，只能提供参考。实际分析中，合适的酸度选择应结合实验来确定。

五、金属指示剂

在配位滴定中广泛采用金属指示剂来指示滴定终点。

（一）金属指示剂的作用原理

金属指示剂是一些有机配位剂，能同金属离子 M 形成有色配合物，其颜色与游离指

示剂本身的颜色不同,从而指示滴定的终点。现以铬黑 T(以 In 表示)为例,说明金属指示剂的作用原理。

铬黑 T 能与金属离子(Ca^{2+}、Mg^{2+}、Zn^{2+} 等)形成比较稳定的红色配合物,当 pH 8～11 时,铬黑 T 本身呈蓝色。

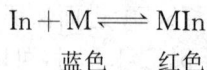

$$In + M \rightleftharpoons MIn$$
$$\text{蓝色} \quad \text{红色}$$

滴定时,在含上述金属离子的溶液中加入少量铬黑 T,这时有少量 MIn 生成,溶液呈现红色。随着 EDTA 的滴入,游离的金属离子逐步被 EDTA 配合形成 MY,等到游离的金属离子大部分配合后,继续滴入 EDTA 时,由于配合物 MY 的条件稳定常数大于配合物 MIn 的条件稳定常数,因此稍过量的 EDTA 将夺取 MIn 中的 M,使指示剂游离出来,红色溶液突然转变为蓝色,指示滴定终点的到达。

$$MIn + Y \rightleftharpoons MY + In$$
$$\text{红色} \quad \text{蓝色}$$

许多金属指示剂不仅具有配位体的性质,而且在不同的 pH 范围内,指示剂本身会呈现不同的颜色。例如,铬黑 T 指示剂就是一种三元弱酸,它本身能随溶液 pH 的变化而呈现不同的颜色:pH$<$6 时,铬黑 T 呈现红色;pH$>$12 时,呈现橙色。显然,在 pH$<$6 或者 pH$>$12 时,游离铬黑 T 的颜色与配合物 MIn 的颜色没有显著区别,只有在 pH 为 8～11 的酸度条件下进行滴定,到终点时才会发生由红色到蓝色的颜色突变。因此选用金属指示剂,必须注意选择合适的 pH 范围。

(二)金属指示剂必须具备的条件

从上述铬黑 T 的例子中可以看到,金属指示剂必须具备下列三个条件:

(1)在滴定的 pH 范围内,游离指示剂 In 本身的颜色同指示剂与金属离子配合物 MIn 的颜色应有明显的差别。

(2)金属离子与指示剂形成有色配合物的显色反应要灵敏,在金属离子浓度很小时,仍能呈现明显的颜色。

(3)金属离子与指示剂配合物 MIn 应有适当的稳定性。一方面应小于 EDTA 与金属离子配合物 MY 的稳定性,$K_{MIn}<K_{MY}$,这样才能使 EDTA 滴定到化学计量点时,将指示剂从 MIn 配合物中取代出来。但是另一方面,如果 MIn 的稳定性太差,则在到达化学计量点前,就会显示出指示剂本身的颜色,使终点提前出现,而引入误差,颜色变化也不敏锐。

(三)使用金属指示剂时可能出现的问题

1. 指示剂的封闭现象

有的指示剂能与某些金属离子生成极稳定的配合物,这些配合物较对应的 MY 配合物更稳定,以致到达化学计量点时滴入过量 EDTA,指示剂也不能释放出来,溶液颜色不变化,这叫指示剂的封闭现象。例如,用铬黑 T 作指示剂,在 pH10 的条件下,用 EDTA 滴定 Ca^{2+}、Mg^{2+} 时,Fe^{3+}、Al^{3+}、Ni^{2+} 和 CO^{2+} 对铬黑 T 有封闭作用,这时,可加入少量三乙醇胺(掩蔽 Fe^{3+}、Al^{3+})和 KCN(掩蔽 Ni^{2+} 和 Co^{2+})以消除干扰。

2. 指示剂的僵化现象

有些指示剂和金属离子配合物在水中的溶解度小,使 EDTA 与指示剂金属离子配合物 MIn 的置换缓慢,终点的颜色变化不明显,这种现象称为指示剂僵化。这时,可加入适当的有机溶剂或加热,以增大其溶解度。例如,用 PAN 作指示剂时,可加入少量的甲醇或乙醇,也可将溶液适当加热以加快置换速度,使指示剂的变色敏锐一些。

3. 指示剂的氧化变质现象

金属指示剂大多数是具有许多双键的有色化合物,易被日光、氧化剂、空气所分解;有些指示剂在水溶液中不稳定,日久会变质。如铬黑 T、钙指示剂的水溶液均易氧化变质,所以常配成固体混合物或加入具有还原性的物质来配成溶液,如加入盐酸羟胺等还原剂。

(四)常用的金属指示剂

一些常用金属指示剂的主要使用情况列于表 2-23。

表 2-23　常用的金属指示剂

指示剂	适用的 pH 范围	颜色变化		直接滴定的离子	指示剂配制	注意事项
		In	MIn			
铬黑 T 简称 BT 或 EBT	8~10	蓝	红	pH10,Mg^{2+}、Zn^{2+}、Cd^{2+}、Pb^{2+}、Mn^{2+},稀土元素离子	1:100NaCl (固体)	Fe^{3+}、Al^{3+}、Cu^{2+}、Ni^{2+} 等离子封闭 EBT
酸性铬蓝 K	8~13	蓝	红	pH10,Mg^{2+},Zn^{2+},Mn^{2+} pH13,Ca^{2+}	1:100NaCl (固体)	
二甲酚橙 简称 XO	<6	亮黄	红	pH<1,ZrO^{2+} pH1~3.5,Bi^{3+},Th^{4+} pH5~6,Tl^{3+},Zn^{2+},Pb^{2+},Cd^{2+},Hg^{2+},稀土元素离子	0.5%水溶液 (5g/L)	Fe^{3+},Al^{3+},Ni^{2+},Ti^{4+} 等离子封闭 XO
磺基水杨酸 简称 ssal	1.5~2.5	无色	紫红	pH1.5~2.5,Fe^{3+}	5%水溶液 (50g/L)	ssal 本身无色,FeY^- 呈黄色
钙指示剂 简称 NN	12~13	蓝	红	pH12~13,Ca^{2+}	1:100NaCl (固体)	Ti^{4+},Fe^{3+},Al^{3+},Cu^{2+},Ni^{2+},CO^{2+}。Mn^{2+} 等离子封闭 NN
PAN	2~12	黄	紫红	pH2~3,Th^{4+},Bi^{3+} pH4~5,Cu^{2+},Ni^{2+},Pb^{2+},Cd^{2+},Zn^{2+},Mn^{2+},Fe^{2+}	0.1%乙醇溶液(1g/L)	MIn 在水中溶解度小,为防止 PAN 僵化,滴定时须加热

习　题

1. EDTA 和金属离子形成的配合物有哪些特点?
2. 配位滴定中什么是主反应?有哪些副反应?怎样衡量副反应的严重情况?
3. 配合物的绝对稳定常数和条件稳定常数有什么不同?为什么要引入条件稳定常数?
4. 试比较酸碱滴定和配位滴定,说明它们的相同点和不同点。
5. 配位滴定中,金属离子能够被准确滴定的具体含义是什么?金属离子能被准确滴定的条件是什么?

6. 配位滴定的酸度条件如何选择? 主要从哪些方面考虑?

7. 酸效应曲线是怎样绘制的? 它在配位滴定中有什么用途?

8. 金属离子指示剂应具备哪些条件? 为什么金属离子指示剂使用时要求一定的 pH 范围?

9. 什么是配位滴定的选择性? 提高配位滴定选择性的方法有哪些?

10. 配位滴定的方式有几种? 它们分别在什么情况下使用?

11. 根据 EDTA 的各级解离常数,计算 pH5.0 和 pH10.0 时的 $\lg\alpha_{Y(H)}$ 值,并与表 2-22 比较是否相符。

12. 分别含有 0.02 mol/L Zn^{2+}、Cu^{2+}、Cd^{2+}、Sn^{2+}、Ca^{2+} 的 5 种溶液,在 pH3.5 时,哪些可以用 EDTA 准确滴定? 为什么?

13. pH5.0 时,Co^{2+} 和 EDTA 配合物的条件稳定常数是多少(不考虑水解等副反应)? 当 Co^{2+} 浓度为 0.02mol/L 时,能否用 EDTA 准确滴定 Co^{2+}?

14. 在 Bi^{3+} 和 Ni^{2+} 均为 0.01mol/L 的混合溶液中,试求以 EDTA 溶液滴定时所允许的最小 pH。能否采取控制溶液酸度的方法实现二者的分别滴定?

15. 用纯 $CaCO_3$ 标定 EDTA 溶液。称取 0.1005g 纯 $CaCO_3$,溶解后用容量瓶配成 100.0mL 溶液,吸取 25.00mL,在 pH12 时,用钙指示剂指示终点,用待标定的 EDTA 溶液滴定,用去 24.50mL。

(1) 计算 EDTA 溶液的物质的量浓度;

(2) 计算该 EDTA 溶液对 ZnO 和 Fe_2O_3 的滴定度。

答:0.01025mol/L;0.8342mg/mL;0.8184mg/mL

16. 在 pH10 的氨缓冲溶液中,滴定 100.0 mL 含 Ca^{2+}、Mg^{2+} 的水样,消耗 0.01016mol/L EDTA 标准溶液 15.28mL;另取 100.0mL 水样,用 NaOH 处理,使 Mg^{2+} 生成 $Mg(OH)_2$ 沉淀,滴定时消耗 EDTA 标准溶液 10.43mL,计算水样中 $CaCO_3$ 和 $MgCO_3$ 的含量(以 $\mu g/mL$ 表示)。　　　　答:106.1$\mu g/mL$;41.55$\mu g/mL$

17. 称取铝盐试样 1.250g,溶解后加 0.05000mol/L EDTA 溶液 25.00mL,在适当条件下反应后,调节溶液 pH 为 5～6,以二甲酚橙为指示剂,用 0.02000mol/L Zn^{2+} 标准溶液回滴过量的 EDTA,耗用 Zn^{2+} 溶液 21.50mL,计算铝盐中铝的质量分数。　答:1.77%

18. 用配位滴定法测定氯化锌($ZnCl_2$)的含量。称取 0.2500g 试样,溶于水后稀释到 250.0mL,吸取 25.00mL,在 pH5～6 时,用二甲酚橙作指示剂,用 0.01024mol/L EDTA 标准溶液滴定,用去 17.61mL。计算试样中 $ZnCl_2$ 的质量分数。　　　　答:98.31%

19. 称取含 Fe_2O_3 和 Al_2O_3 的试样 0.2015g,溶解后,在 pH2 以磺基水杨酸作指示剂,以 0.02008mol/L EDTA 标准溶液滴定至终点,消耗 15.20mL。然后再加入上述 EDTA 溶液 25.00mL,加热煮沸使 EDTA 与 Al^{3+} 反应完全,调节 pH4.5,以 PAN 作指示剂,趁热用 0.02112mol/L Cu^{2+} 标准溶液返滴,用去 8.16mL,试计算试样中 Fe_2O_3 和 Al_2O_3 的质量分数。　　　　　　　　答:12.09%;8.34%

学习情境三 轻微腐蚀性产品的分析检测——纯碱分析

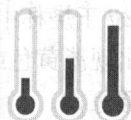

学习目标

（1）掌握轻微性腐蚀产品的取样方法。

（2）掌握纯碱生产工艺流程。

（3）掌握纯碱分析测定的方法与原理。

（4）能准确配制并标定纯碱分析用标准溶液。

（5）能熟练测定纯碱的质量指标。

（6）掌握分析过程数据的记录与处理。

（7）掌握纯碱分析报告单的规范填写。

（8）掌握纯碱分析结果与国标的表较对照并判断产品质量等级。

（9）掌握纯碱分析仪器的使用与维护。

工作任务

学习情境	学习目标	学习任务	授课方法
纯碱分析与检测	1. 掌握轻微腐蚀物质的取样方法 2. 掌握工业纯碱生产工艺流程并能分析生产中可能存在的物质 3. 查找相关材料制定分析检测指标 4. 能正确操作、维护使用仪器设备 5. 能准确配制标准溶液 6. 能准确处理分析检测结果 7. 根据国标分析纯碱不合格的原因并能提出合理化的改进建议	1. 纯碱分析情境引入 2. 纯碱中碳酸氢钠的定性检验 3. 纯碱总碱度的测定 4. 纯碱中氯化物含量的测定 5. 纯碱中铁含量的测定 6. 纯碱中硫酸盐含量的测定 7. 纯碱分析结果的表示和国标	任务驱动法、引导教学法、小组讨论法、录像教学法、演示和讲解法、边学边做

任务一 工业碳酸钠中含碳酸氢钠的定性检验

一、测定原理

碳酸氢钠与硝酸银溶液反应生成白色沉淀，据此可以判断纯碱是否含有碳酸氢钠。

二、仪器和试剂

1. 仪器

天平，小烧杯（100mL）1个。

2. 试剂

100g/L 硝酸银溶液：称取硝酸银试剂 10g 溶于 100mL 蒸馏水中。

三、操作步骤

取样品约 2g 于烧杯中,加蒸馏水约 2mL 摇匀,加入 100g/L 的硝酸银试液一滴管(约 2mL)摇匀,若出现淡黄色或白色沉淀,则样品中含有碳酸氢钠,若出现棕色或黑色沉淀,则样品中无碳酸氢钠。

任务二　工业碳酸钠中总碱量的测定(容量法)

一、测定原理

以溴甲酚绿-甲基红混合液为指示剂,用盐酸标准溶液滴定总碱量。

二、仪器和试剂

1. 仪器

称量瓶:$\phi 30mm \times 25mm$,或瓷坩埚:容量 30mL。

2. 试剂

盐酸(GB 622—2005):c_{HCl}约 1mol/L 标准滴定溶液;溴甲酚绿-甲基红指示液。

三、操作步骤

称取约 1.7g 试样,精确到 0.0002g,将试样倒入锥形瓶中,用 50mL 水溶解试样,加 10 滴溴甲酚绿-甲基红混合指示剂。用盐酸标准滴定溶液滴定至溶液由绿变为暗红色,煮沸 2min,冷却后继续滴定至暗红色。同时做空白试验。

四、数据处理

以质量百分数表示的总碱量(以 Na_2CO_3 计 ω)按下式计算:

$$\omega = [c \times (V - V_0) \times 0.5300 \times 100]/m = 5.3c(V - V_0)/m$$

式中　　ω——Na_2CO_3 的含量,%;

c——盐酸标准滴定溶液的浓度,mol/L;

m——称取试样质量;

V——滴定消耗盐酸标准溶液的体积,mL;

V_0——空白试验消耗盐酸标准滴定溶液的体积,mL;

0.5300——与 1.00mL 盐酸标准滴定溶液[$c_{HCl} = 1.000mol/L$]相当的以克表示的碳酸钠的质量。

任务三　工业碳酸钠中氯化物含量的测定

一、测定原理

在中性或弱碱性溶液中,以铬酸钾为指示剂,用硝酸银标准溶液滴定,溶液出现微砖红色沉淀为终点测定氯化物含量。

二、仪器和试剂

1. 仪器

分析天平,烧杯(250mL)3 个,棕色酸式滴定管(50mL)1 支。

2. 试剂

所用试剂和水、在没有注明其他要求时指分析纯试剂和蒸馏水或相应纯度的水。

硝酸银(c_{AgNO_3}=0.05mol/L);硫酸(1+17);甲基橙(1g/L);铬酸钾(100g/L);碳酸钙(固体粉末)。

三、操作步骤

将试样充分混匀称取 2.0g 试样、置于 250mL 烧杯中,加入 15mL 水溶解,加 1 滴甲基橙指示剂,缓慢加入硫酸溶液,至溶液由黄色变为微红色,再加入少许碳酸钙中和至溶液的微红色退去,加四滴铬酸钾指示剂在充分摇动下,用硝酸银标准溶液滴定至溶液出现微砖红色。

四、数据处理

以质量百分数表示的氯化物(以 NaCl 计)含量 ω 按下式计算。

$$\omega = c \times V \times 0.05844 \times 100/m$$

式中　ω——氯化物含量,%;

　　　c——硝酸银标准溶液浓度,mol/L;

　　　V——确定所消耗硝酸银标准溶液的体积,mL;

　　　m——试样的质量,g;

　　　0.05844——与 1.00mL 硝酸银标准溶液[c_{AgNO_3}=1.000mol/L]相当的氯化钠的质量,g。

任务四　工业碳酸钠中铁含量的测定

一、测定原理

用抗坏血酸将试样中的三价铁离子还原成二价铁离子、在乙酸-乙酸钠缓冲体系中,二价铁离子与邻菲罗啉,生成橙红色络合物、在最大吸收波长(510nm)下用分光光度计测量其吸光度再从工作曲线中查出相应的百分含量。

二、仪器和试剂

1. 仪器

分析天平,烧杯(250mL)8 个,烧杯(100mL)3 个,容量瓶(100mL)12 个,容量瓶(250mL)4 个,棕色酸式滴定管(50mL)1 支。移液管(20mL)1 支,移液管(25mL)1 支,容量瓶(50mL)8 个,量筒(10mL)2 个,722 型分光光度计 1 台及配套比色皿(1cm2 个,3cm2 个),电炉子 1 台。

2. 试剂

所用试剂和水、在没有注明其他要求时,均指分析纯试剂和蒸馏水或相应纯度的水;盐酸(GB 622—2005):1+1 溶液;盐酸(GB 622—2005):1+11 溶液;氨水(GB 631—1989)(1+7 溶液);对硝基酚(GB 603—2002)(1g/L 溶液);乙酸(GB 676—1990)-乙酸钠(GB 693—1985)缓冲溶液(pH 4.5);称取 136g 乙酸钠溶于水并稀释至 1000mL 为 a 溶液;量取 120mL 冰乙酸稀释至 1000mL 为 b 溶液;取 a、b 两溶液以 1:1 的体积混合;抗坏血酸:20g/L 溶液,此溶液使用期为 10d,出现混浊时溶液不能使用;邻菲罗啉(GB 1293—1989):2g/L 溶液,当有颜色产生时不能使用;硫酸铁铵(GB 1279—1989);铁标准溶液:1mL 含 Fe 0.100mg;无水碳酸钠(GB 639—1986、优级纯)。

三、操作步骤

1. 工作曲线的绘制

1) 标准参比溶液的配制

分别称取 7 份 10g 无水碳酸钠(GB 639—1986、优级纯、称准至 0.01g),置于 250mL 烧杯中加 10mL 水湿润,依次加入 0.00;1.00;2.00;4.00;6.00;8.00;10.00mL 铁标准溶液(1mL 含 FeO 100mg),1 滴对硝基酚指示剂缓慢加入盐酸溶液至明显黄色退去并过量五滴煮沸 2~3min,冷却后,滴加(1+7)氨水使溶液又呈现明显黄色,再滴加(1+11)盐酸至明显黄色退去,再过量 1.0mL,将溶液移入 100mL 容量瓶中,用水稀释至刻度摇匀。

2) 显色

分别移取配制的标准参比液 20.00mL 各置于 50mL 容量瓶中,加 2.5mL 抗坏血酸溶液 10.0mL 乙酸-乙酸钠缓冲液和 5.0mL 邻菲罗啉溶液用水稀释至刻度摇匀。

3) 吸光度的测定

使用分光光度计和 1cm 的比色皿在 510nm 波长时以水为对照进行吸光度的测定。

4) 工作曲线的绘制

从测得的各个吸光度中减去试剂空白试验的吸光度以铁含量为横坐标,以对应的吸光度为纵坐标,绘制工作曲线。

2. 测定

称取 10g 试样,精确至 0.01g,置于烧杯中,加少量水润湿,滴加 35mL 盐酸溶液(1+1),煮沸 3~5min,冷却(必要时过滤),移入 250mL 容量瓶中,加水至刻度,摇匀。

用移液管移取 50mL(或 25mL)试验溶液,置于 100mL 烧杯中;另取 7mL(或 3.5mL)盐酸溶液(1+1)于另一烧杯中,用氨水(2+3)中和后,与试验溶液一并用氨水(1+9)和盐酸溶液(1+3)调节 pH 为 2(用精密 pH 试纸检验)。分别移入 100mL 容量瓶中,选用 3cm 吸收池,以水为参比,测定试验溶液和空白试验溶液的吸光度。

四、数据处理

以质量百分数表示的铁(Fe)含量 ω 按下式计算:

$$\omega = (m_1 - m_0) \times 100/[m \times (100 - \omega_0) \times 1000/100]$$
$$= 10(m_1 - m_0)/[m \times (100 - \omega_0)]$$

式中 ω——Fe含量，%；

$\quad\quad m_1$——根据测得的试验溶液吸光度，从工作曲线上查出的铁的质量，mg；

$\quad\quad m_0$——根据测得的空白试验溶液吸光度，从工作曲线上查出的铁的质量，mg；

$\quad\quad m$——移取试验溶液中所含试料的质量，g；

$\quad\quad \omega_0$——烧失量，%。

允许差：取平行测定结果的算术平均值为测定结果。平行测定结果的绝对差值：优等品、一等品不大于0.005%，合格品不大于0.001%。

任务五　硫酸盐含量的测定

一、测定原理

本方法参照采用国际标准 ISO 743—1976《工业用碳酸钠-硫酸盐含量的测定——硫酸钡重量法》。溶解试样并分离不溶物，在稀盐酸介质中使硫酸盐沉淀为硫酸钡，将得到的沉淀进行分离，在800℃±25℃下灼烧后称量。

二、仪器和试剂

1. 仪器

分析天平，烧杯（250mL）6个，玻璃棒3根，定量滤纸，漏斗，量筒（10mL）2个，量筒（50mL）1个，电炉子1台，瓷坩埚，坩埚钳，高温炉1台。

2. 试剂

盐酸溶液（GB 622—1977、1+1）；氨水（GB 631—1989）；氯化钡溶液（GB/T 652—2003、100g/L）；硝酸银溶液（GB 670—1986、5g/L）。用少量水溶解0.5g硝酸银，加20mL硝酸溶液（1+1），用水稀释至100mL，摇匀。甲基橙指示液（GB 603—1988、1g/L）。

三、操作步骤

称取约20g试样，精确至0.01g，置于烧杯中，加50mL水，搅拌，滴加70mL盐酸溶液中和试料并使之酸化，用中速定量滤纸过滤。滤液和洗液收集于烧杯中，控制试验溶液体积约250mL。滴加3滴甲基橙指示液，用氨水中和后再加6mL盐酸溶液酸化，煮沸，在不断搅拌下滴加25mL氯化钡溶液（约90s加完），在不断搅拌下继续煮沸2min。在沸水浴上放置2h，停止加热，静置4h，用慢速定量滤纸过滤，用热水洗涤沉淀直到取10mL滤液与1mL硝酸银溶液混合，5min后仍保持透明为止。

将滤纸连同沉淀移入预先在800℃±25℃下恒重的瓷坩埚中，灰化后移入高温炉内，于800℃±25℃下灼烧至恒重。

四、数据处理

以质量百分数表示的硫酸盐（以 SO_4^{2-} 计）含量）ω 按下式计算：

$$\omega = m_1 \times 0.4116 \times 100/[m \times (100 - \omega_0)/100]$$
$$= 4116 m_1/[m \times (100 - \omega_0)]$$

式中　ω——硫酸盐含量,%;

m_1——灼烧后硫酸钡的质量,g;

m——试料的质量,g;

ω_0——由任务七测得的烧失量,%;

0.4116——硫酸钡换算为硫酸根的系数。

允许差:取平行测定结果的算术平均值为测定结果,平行测定结果的绝对差值不大于0.006%。

任务六　水不溶物含量的测定

一、测定原理

将试料溶于50℃±5℃的水中,将不溶物过滤、洗涤、干燥并称量。

二、仪器和试剂

1. 仪器
古氏坩埚;容量30mL。

2. 试剂
酸酸石棉(HG3—1062):取适量酸洗石棉,浸泡于1+3盐酸溶液中,煮沸20min,用布氏漏斗过滤并洗涤至中性。再用100g/L无水碳酸钠(GB 639—1986)溶液浸泡并煮沸20min,用布氏漏斗过滤并洗涤至中性(用酚酞指示液检查)。以水调成糊状,备用。酚酞指示液:10g/L。

三、操作步骤

将古氏坩埚置于抽滤瓶上,在筛板上下各匀铺一层酸洗石棉,边抽滤边用平头玻璃棒压紧,每层厚约3mm。用50℃±5℃水洗涤至滤液中不含石棉毛。将坩移入干燥箱内,于110℃±5℃下烘干后称重。重复洗涤、干燥至恒重。

称取20~40g试样,精确至0.01g,置于烧杯中,加入200~400mL约40℃的水溶解,维持试验溶液温度在50℃±5℃。用已恒重的古氏坩埚过滤,以50℃±5℃的水洗涤不溶物,直至在20mL洗涤液与20mL水中加2滴酚酞指示液后所呈现的颜色一致为止。将古氏坩埚连同不溶物一并移入干燥箱内,在110℃±5℃下干燥至恒重。

四、数据处理

以质量百分数表示的水不溶物含量 ω 按下式计算:

$$\omega = m_1 \times 100/[m \times (100 - \omega_0)/100]$$
$$= m_1 \times 10^4/[m \times (100 - \omega_0)]$$

式中　ω——水不溶物的含量,%;

m_1——水不溶物的质量,g;

m——试料的质量，g；

ω_0——烧失量，%。

允许差：取平行测定结果的算术平均值为测定结果，平行测定结果的绝对差值：优等品、一等品不大于 0.006%，合格品不大于 0.008%。

任务七　烧失量的测定

一、测定原理

本方法参照采用国际标准 ISO 745—1976《工业用碳酸钠 250～270℃时质量损失和不挥发物的测定》。试料在 250～270℃下加热至恒重，加热时失去游离水和碳酸氢钠分解出的水和二氧化碳，计算烧失量。

二、仪器

称量瓶：ϕ30mm×25mm 或瓷坩埚，容积约 30mL。

三、操作步骤

称取约 2g 试样，精确至 0.0002g，置于已恒重的称量瓶或瓷坩埚内，移入烘箱或高温炉中，在 250～270℃下加热至恒重。

四、数据处理

以质量百分数表示的烧失量 ω 按下式计算：

$$\omega = m_1 \times 100/m$$

式中　ω——烧失量，%；

　　　m_1——试料加热时失去的质量，g；

　　　m——试料的质量，g。

允许差：取平行测定结果的算术平均值为测定结果，平行测定结果的绝对差值不大于 0.04%。

理 论 知 识

一、重量分析法和沉淀滴定法

（一）重量分析法概述

重量分析，通常是通过物理或化学反应将试样中待测组分与其他组分分离，以称量的力法，称得待测组分或它的难溶化合物的质量，计算出待测组分在试样中的含量。

1. 重量分析法简介

按照待测组分与其他组分分离方法的不同，重量分析法可分为挥发法、沉淀重量法两类。

1) 挥发法

一般是采用加热或其他方法使试样中的挥发性组分逸出,称量后根据试样质量的减少,计算试样中该组分的含量;或利用吸收剂吸收组分逸出的气体,根据吸收剂质量的增加,计算出该组分的含量。例如,要测定 $BaCl_2 \cdot 2H_2O$ 中结晶水的含量,可称取一定量的氯化钡试样加热,使水分逸出后,再称量,根据试样加热前后的质量差,计算 $BaCl_2 \cdot 2H_2O$ 试样中结晶水的含量。

2) 沉淀重量法

利用试剂与待测组分发生沉淀反应,生成难溶化合物沉淀析出,经过分离、洗涤、过滤、烘干或灼烧后,称得沉淀的质量计算出待测组分的含量。例如,用沉淀重量法测定钢铁中镍的含量。将含镍的试样溶解后,在 pH8~9 氨性溶液中加入有机沉淀剂丁二酮肟,生成丁二酮肟镍鲜红色沉淀。沉淀组成恒定,经过滤、洗涤、烘干后称量,计算出试样中镍的质量。

重量分析法是经典的化学分析法,它通过直接称量得到分析结果,不需要从容量器皿中引入许多数据,也不需要基准物质做比较,故其准确度较高,可用于测量含量大于 1% 的常量组分,有时也用于仲裁分析。但重量分析的操作比较麻烦,程序多,费时长,不能满足生产上快速分析的要求,这是重量分析法的主要缺点。在重量分析法中,以沉淀重量法最重要,而且应用也较多。

2. 重量分析法的主要操作过程

重量分析法的主要操作过程如图 2-13 所示。

$$\boxed{试样} \rightarrow \boxed{溶解} \rightarrow \boxed{沉淀} \rightarrow \boxed{过滤和洗涤} \rightarrow \boxed{烘干和灼烧} \rightarrow \boxed{称量恒重}$$

图 2-13　重量分析法操作过程

(1) 溶解。将试样溶解制成溶液。根据不同性质的试样选择适当的溶剂。对于不溶于水的试样,一般采取酸溶法、碱溶法或熔融法。

(2) 沉淀。加入适当的沉淀剂,使与待测组分迅速定量反应生成难溶化合物沉淀。

(3) 过滤和洗涤。过滤使沉淀与母液分开。根据沉淀的性质不同,过滤沉淀时常采用无灰滤纸或玻璃砂芯坩埚。洗涤沉淀是为了除去不挥发的盐类杂质和母液。洗涤时要选择适当的洗液,以防沉淀溶解或形成胶体。洗涤沉淀要采用少量多次的洗法。

(4) 烘干和灼烧。烘干可除去沉淀中的水分和挥发性物质,同时使沉淀组成达到恒定。烘干的温度和时间应随着沉淀不同而异。灼烧可除去沉淀中的水分和挥发性物质外,还可使初始生成的沉淀在高温度下转化为组成恒定的沉淀。灼烧温度一般在 800℃以上。以滤纸过滤的沉淀,常置于瓷坩埚中进行烘干和灼烧。若沉淀需加氢氟酸处理,应改用铂坩埚。使用玻璃砂芯坩埚过滤的沉淀,应在电烘箱里烘干。

(5) 称量到达恒重。称得沉淀质量即可计算分析结果。不论沉淀是烘干或是灼烧,其最后称量必须达到恒重。即沉淀反复烘干或灼烧经冷却称量,直至两次称量的质量相差不大于 0.2mg。

(二) 沉淀的溶解度及其影响因素

利用沉淀反应进行重量分析时,要求沉淀反应定量地进行完全,重量分析的准确度才高。沉淀反应是否完全，可以根据沉淀反应到达平衡后，溶液中未被沉淀的被测组分的量来衡量，可以根据沉淀溶解度的大小来衡量。溶解度小，沉淀完全；溶解度大，沉淀不完全。沉淀的溶解度，可以根据沉淀的溶度积常数 K_{sp} 计算。哪些因素影响沉淀的溶解度呢？下面分别讨论。

1. 同离子效应

通常采用加入过量沉淀剂，利用同离子效应来降低沉淀的溶解度，达到沉淀完全减少测量误差的目的。

例如，以 $BaCl_2$ 为沉淀剂，沉淀 SO_4^{2-}，生成 $BaSO_4$ 沉淀，当滴加 $BaCl_2$ 到达化学计量点时，在 200mL 溶液中溶解的 $BaSO_4$ 质量为（$K_{sp,BaSO_4}=8.7\times10^{-11}$，$M_{BaSO_4}=233g/mol$）：

$$\omega_{BaSO_4}=\sqrt{8.7\times10^{-11}}\times233\times\frac{200}{1000}$$
$$=4.3\times10^{-4}g$$
$$=0.43mg$$

重量分析中，一般要求沉淀的溶解损失不超过 0.2mg，现按化学计量关系加入沉淀剂，沉淀溶解损失超过重量分析的要求。如果利用同离子效应加入过量的 $BaCl_2$，设过量的 $[Ba^{2+}]=0.01mol/L$，计算在 200mL 溶液中溶解 $BaSO_4$ 的质量为

$$\omega_{BaSO_4}=\frac{8.7\times10^{-11}}{0.01}\times233\times\frac{200}{1000}$$
$$=4.0\times10^{-7}g=0.0004mg$$

溶解损失符合重量分析的要求，因此可认为 $BaSO_4$ 实际上沉淀完全。所以，利用同离子效应是降低沉淀溶解度的有效措施之一。

但是，在实际操作中，并非加沉淀剂越过量越好，由于盐效应、配位效应等原因，有时沉淀剂太过量，反而使沉淀的溶解度增大，沉淀剂究竟应过量多少，应根据沉淀的具体情况和沉淀剂的性质而定。如果沉淀剂在烘干或灼烧时能挥发除去，一般可过量 50%～100%；不易除去的沉淀剂，只宜过量 10%～30%。

2. 盐效应

在难溶电解质的饱和溶液中，加入其他易溶强电解质时，使难溶电解质的溶解度比同温度下在纯水中的溶解度增大，这种现象称为盐效应。例如，在 $PbSO_4$ 饱和溶液中加入 Na_2SO_4，就同时存在着同离子效应和盐效应，而哪种效应占优势，取决于 Na_2SO_4 的浓度。表 2-24 为 $PbSO_4$ 溶解度随 Na_2SO_4 浓度变化的情况。从表中可知，初始时由于同离子效应，使 $PbSO_4$ 溶解度降低，可是当加入 Na_2SO_4 浓度大于 0.04mol/L 时，盐效应超过同离子效应，使 $PbSO_4$ 溶解度反而逐步增大。

表 2-24　$PbSO_4$ 在 Na_2SO_4 溶液中的溶解度

Na_2SO_4 浓度/(mol/L)	0	0.001	0.01	0.02	0.04	0.100	0.200
$PbSO_4$ 溶解度/(mol/L)	45	7.3	4.9	4.2	3.9	4.9	7.0

又如，AgCl 在 0.1mol/LHNO₃ 中的溶解度比在纯水中的溶解度约大 33%。

通过上述讨论得知：同离子效应与盐效应对沉淀溶解度的影响恰恰相反，所以进行沉

淀时应避免加入过多的沉淀剂；如果沉淀的溶解度本身很小，一般来说，可以不考虑盐效应。

3. 配位效应

溶液中如有配位剂能与构成沉淀离子形成可溶性配合物，而增大沉淀的溶解度，甚至不产生沉淀，这种现象称为配位效应。例如，在 $AgNO_3$ 溶液中加入 Cl^-，开始时有 $AgCl$ 沉淀生成，但若继续加入过量的 Cl^-，则 Cl^- 与 $AgCl$ 形成 $AgCl_2^-$ 和 $AgCl_3^{2-}$ 等配离子而使 $AgCl$ 沉淀逐渐溶解。显然，形成的配合物越稳定，配位剂的浓度越大，其配位效应就越显著。

4. 酸效应

溶液的酸度对沉淀溶解度的影响称为酸效应。例如，CaC_2O_4 是弱酸盐的沉淀，受酸度的影响较大。

当溶液中 H^+ 浓度增大时，平衡向生成 $HC_2O_4^-$ 和 $H_2C_2O_4$ 的方向移动，破坏了 CaC_2O_4 沉淀的平衡，致使 $C_2O_4^{2-}$ 浓度降低，CaC_2O_4 沉淀的溶解度增加。所以，对于某些弱酸盐的沉淀，为了减少对沉淀溶解度的影响，通常应在较低的酸度下进行沉淀。

上面介绍的四种效应对沉淀溶解度的影响，在实际分析中应根据具体情况确定哪种效应是主要的。一般地说，对无配位效应的强酸盐沉淀，主要考虑同离子效应；对弱酸盐沉淀主要考虑酸效应；对能与配位剂形成稳定的配合物而且溶解度又不是太小的沉淀，应该主要考虑配位效应。此外，还要考虑其他因素如温度、溶剂及沉淀颗粒大小等对沉淀溶解度的影响。

（三）沉淀的条件

重量分析中，为了获得准确的分析结果，要求沉淀完全、纯净，而且易于过滤和洗涤。为此，必须根据不同类型沉淀的特点，选择适宜的沉淀条件，采取相应的措施，以期达到重量法对沉淀形成的要求。

1. 晶形沉淀的沉淀条件

为了获得易于过滤、洗涤的大颗粒晶形沉淀（$BaSO_4$，CaC_2O_4，$MgNH_4PO_4$ 等），减少杂质的包藏，必须掌握以下条件：

（1）沉淀应在比较稀的热溶液中进行，缓缓地滴加沉淀剂稀溶液，并不断搅拌，以降低其相对过饱和度，减小聚集速度，有利于晶体逐渐长大，同时也减少杂质的吸附。

（2）沉淀完成后，应将沉淀与母液一起放置陈化一段时间，由于小颗粒结晶的溶解度比大颗粒结晶的溶解度大，同一溶液对小颗粒结晶是未饱和的，而对于大颗粒结晶则是饱和的，因此陈化过程中小结晶将溶解，而大结晶长大。同时也会释放出部分包藏在晶体中的杂质，减少杂质的吸附，使沉淀更为纯净。

（3）为减少沉淀的溶解损失，应将沉淀冷却后再过滤。

2. 均相沉淀法

在溶液中通过缓慢的化学反应，逐步而均匀地在溶液中产生沉淀剂，使沉淀在整个溶液中均匀、缓慢地形成，因而生成颗粒较大的沉淀，该法称为均相沉淀法。例如，在含有 Ba^{2+} 的试液中加入硫酸甲酯，利用酯水解产生的 SO_4^{2-}，均匀缓慢地生成 $BaSO_4$ 沉淀。

$$(CH_3)_2SO_4 + 2H_2O \Longrightarrow 2CH_3OH + SO_4^{2-} + 2H^+$$

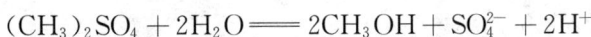

此外，还可利用其他有机化合物的水解、配合物的分解、氧化还原反应等来缓慢产生所需的沉淀剂。

均相沉淀法是重量沉淀法的一种改进方法。但均相沉淀法对避免生成混晶及后沉淀的效果不大，且长时间的煮沸溶液使溶液在容器壁上沉积一层黏结的沉淀，不易洗下，往往需要用溶剂溶解再沉淀，这也是均相沉淀法的不足之处。

（四）重量分析法应用示例

1. 可溶性硫酸盐中硫的测定（氯化钡沉淀法）

通常将试样溶解酸化后，以 $BaCl_2$ 溶液为沉淀剂，将试样中的 SO_4^{2-} 沉淀成 $BaSO_4$：

$$Ba^{2+} + SO_4^{2-} \Longrightarrow BaSO_4 \downarrow$$

陈化后，沉淀经过滤、洗涤和灼烧至恒重。根据所得 $BaSO_4$ 形式的称量，可计算试样中含硫的质量分数。如果上述重量分析法的结果要求不须十分精确，可采用玻璃砂芯坩埚抽滤 $BaSO_4$ 沉淀，烘干，称量。可缩短实验操作时间，适用于工业生产过程的快速分析。

$BaSO_4$ 沉淀的性质稳定，溶解度小，但是 $BaSO_4$ 是一种细晶形沉淀，要注意控制条件生成较大晶体的 $BaSO_4$ 因此必须在热的稀盐酸溶液中，在不断搅拌下缓缓滴加沉淀剂 $BaCl_2$ 稀溶液，陈化后，得到较粗颗粒的 $BaSO_4$ 沉淀。若试样是可溶性硫酸盐，用水溶解时，有水不溶残渣，应该过滤除去。试样中若含有 Fe^{3+} 等将干扰测定，应在加 $BaCl_2$ 沉淀剂之前，加入 1%EDTA 溶液进行掩蔽。

2. 钢铁中镍含量的测定（丁二酮肟重量法）

丁二酮肟又名二甲基乙二肟、丁二肟、秋加叶夫试剂、镍试剂等。该试剂难溶于水，通常使用乙醇溶液或氢氧化钠溶液。在弱酸性（pH＞5）或氨性溶液中丁二酮肟与 Ni^{2+} 生成组成恒定的 $Ni(C_4H_7O_2N_2)_2$ 沉淀。在有掩蔽剂（酒石酸或柠檬酸）存在下，可使 Ni^{2+} 与 Fe^{3+}、Cr^{3+} 等离子分离，因此，丁二酮肟是对 Ni^{2+} 具有较高选择性的试剂。

测定钢铁中的 Ni 时，将试样用酸溶解，然后加入酒石酸，并用氨水调节成 pH8～9 的氨性溶液，加入丁二酮肟有机沉淀剂，就生成丁二酮肟镍红色螯合物沉淀，其反应为

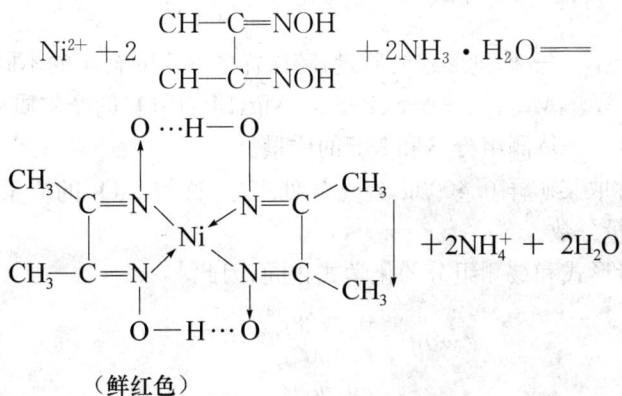

（鲜红色）

该沉淀溶解度很小，经过滤、洗涤后，在 110℃烘干、称量，直至恒重。根据所得沉淀的质

量计算出 Ni 的含量。

由于丁二酮肟是一种二元弱酸,控制适当的酸度非常重要。溶液酸度大时,使沉淀溶解度增大;若是溶液酸度小时,同样也会使沉淀的溶解度增大。实验证明,沉淀溶液的 pH 为 7～10 为宜。在热溶液中进行沉淀可减少试剂和其他杂质的共沉淀,但溶液的温度不能过高,否则乙醇挥发太多,会引起丁二酮肟本身沉淀。如果试样的溶液中含有 Fe^{3+}、Al^{3+}、Cr^{3+}、Ti^{4+} 等离子,在氨性溶液中生成氢氧化物沉淀干扰测定,所以在氨水加入试液前,需先加入柠檬酸或酒石酸将其掩蔽。在试样中 Co、Cu 含量较高时或进行精确分析时,通常需要进行二次测定。

最后还需指出,有机沉淀剂与无机沉淀剂相比,具有更大的优越性。它的相对分子质量大,生成的沉淀溶解度小,组成恒定,选择性好,大多烘干后可直接称量,因此在重量分析中得到日益广泛的应用。

(五) 重量分析结果的计算

重量分析是根据称量形式的质量来计算待测组分的含量。

例如,欲采用重量分析法测定试样中硫含量或镁含量,操作过程为

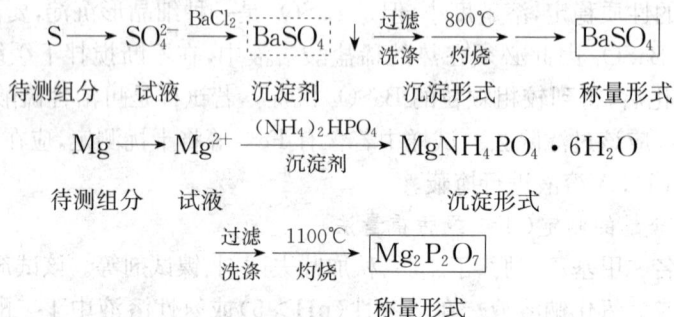

$$S \longrightarrow SO_4^{2-} \xrightarrow{BaCl_2} \boxed{BaSO_4} \downarrow \xrightarrow[\text{洗涤}]{\text{过滤}} \xrightarrow[\text{灼烧}]{800℃} \boxed{BaSO_4}$$

待测组分　　试液　　沉淀剂　　　沉淀形式　　　　称量形式

$$Mg \longrightarrow Mg^{2+} \xrightarrow[\text{沉淀剂}]{(NH_4)_2HPO_4} MgNH_4PO_4 \cdot 6H_2O$$

待测组分　　试液　　　　　　　　沉淀形式

$$\xrightarrow[\text{洗涤}]{\text{过滤}} \xrightarrow[\text{灼烧}]{1100℃} \boxed{Mg_2P_2O_7}$$

称量形式

通过简单的化学计算,即可求出待测组分的质量:

$$m_s = m_{BaSO_4} \times \frac{M_s}{M_{BaSO_4}}$$

$$m_{Mg} = m_{Mg_2P_2O_7} \times \frac{2M_{Mg}}{M_{Mg_2P_2O_7}}$$

式中　m_{BaSO_4}、$m_{Mg_2P_2O_7}$——称量形式的质量,随试样中 S,Mg 含量的不同而变化;

M_s、M_{BaSO_4}、M_{Mg}、$M_{Mg_2P_2O_7}$——S、$BaSO_4$、Mg、$Mg_2P_2O_7$ 的摩尔质量;

m_s、$m_{Mg_2P_2O_7}$——待测组分 S 和 Mg 的质量。

【例 2-15】　称取某矿样 0.4000g,经化学处理后,称得 SiO_2 的质量为 0.2728g,计算矿样中 SiO_2 的质量分数。

解　因为称量形式和被测组分的化学式相同,因此

$$\omega_{SiO_2} = \frac{0.2728g}{0.4000g} \times 100\%$$

$$= 68.20\%$$

【例 2-16】　称取某铁矿石试样 0.2500g，经处理后，沉淀形式为 $Fe(OH)_3$，称量形式为 Fe_2O_3，质量为 0.2490g，求 Fe 和 Fe_3O_4 的质量分数。

　　解　先计算试样中 Fe 的质量分数，因为称量形式为 Fe_2O_3，1mol 称量形式相当于 2mol 待测组分，所以

$$\omega_{Fe} = \frac{0.2490g}{0.2500g} \times \frac{2M_{Fe}}{M_{Fe_2O_3}} \times 100\%$$

$$= \frac{0.2490g}{0.2500g} \times \frac{2 \times 55.85g/mol}{159.7g/mol} \times 100\%$$

$$= 69.66\%$$

计算试样中 Fe_3O_4 的质量分数，因为 1mol 称量形式 Fe_2O_3 相当于 2/3mol 待测组分 Fe_3O_4，所以

$$\omega_{Fe_3O_4} = \frac{0.2490g}{0.2500g} \times \frac{2M_{Fe_3O_4}}{3M_{Fe_2O_3}} \times 100\%$$

$$= \frac{0.2490g}{0.2500g} \times \frac{2 \times 231.54g/mol}{3 \times 159.7g/mol} \times 100\% = 96.27\%$$

（六）沉淀滴定法

　　沉淀滴定法是以沉淀反应为基础的一类滴定分析方法。虽然许多化学反应能生成沉淀，但符合滴定分析要求，适用于沉淀滴定法的沉淀反应并不多。目前应用最多的是生成难溶银盐的反应。例如：

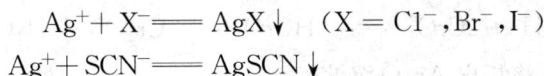

$$Ag^+ + X^- \xrightarrow{\hspace{1cm}} AgX\downarrow \quad (X = Cl^-, Br^-, I^-)$$

$$Ag^+ + SCN^- \xrightarrow{\hspace{1cm}} AgSCN\downarrow$$

这种利用生成难溶银盐反应的测定方法称为银量法。银量法可以测定 Cl^-、Br^-、I^-、Ag^+、CN^-、SCN^- 等离子，用于化工、冶金、农业以及处理"三废"等生产部门的检测工作。银量法按照指示滴定终点的方法不同而分为三种：莫尔（Mohr）法、佛尔哈德（Volhard）法和法扬斯（Fajans）法。

　　下面分别予以讨论。

　　1. 莫尔法——铬酸钾作指示剂

　　本法以 K_2CrO_4 作指示剂，在中性或弱碱性溶液中用 $AgNO_3$ 标准溶液可以直接滴定 Cl^- 或 Br^- 等。

　　根据分步沉淀的原理，由于 AgCl 的溶解度小于 Ag_2CrO_4 的溶解度，因此在含有 Cl^-（或 Br^-）和 CrO_4^{2-} 的溶液中，用 $AgNO_3$ 标准溶液进行滴定过程中，AgCl 首先沉淀出来，当滴定到化学计量点附近时，溶液中 Cl^- 浓度越来越小，Ag^+ 浓度增加，直至 $[Ag^+]^2[CrO_4^{2-}] > K_{sp,Ag_2CrO_4}$，立即生成砖红色的 Ag_2CrO_4 沉淀，以此指示滴定终点。其反应为

$$Ag^+ + Cl^- \xrightarrow{\hspace{1cm}} AgCl\downarrow（白色）$$

$$2Ag^+ + CrO_4^{2-} \xrightarrow{\hspace{1cm}} Ag_2CrO_4\downarrow（砖红色）$$

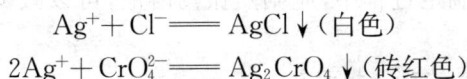

　　应用莫尔法，必须注意下列滴定条件：

（1）要严格控制 K_2CrO_4 的用量。如果 K_2CrO_4 指示剂的浓度过高或过低，Ag_2CrO_4 沉淀析出就会提前或滞后。已知 AgCl 和 Ag_2CrO_4 的溶度积是：

$$[Ag^+][Cl^-] = 1.56 \times 10^{-10}$$
$$[Ag^+]^2[CrO_4^{2-}] = 9.0 \times 10^{-12}$$

根据溶度积原理，当滴定到达化学计量点时要有 Ag_2CrO_4 沉淀生成，则

$$[Ag^+] = [Cl^-] = \sqrt{1.56 \times 10^{-10}} = 1.25 \times 10^{-5}(mol/L)$$
$$[CrO_4^{2-}] = \frac{K_{sp,Ag_2CrO_4}}{[Ag^+]^2} = \frac{9.0 \times 10^{-12}}{1.56 \times 10^{-10}}$$
$$= 5.8 \times 10^{-2}(mol/L)$$

以上的计算说明在滴定到达化学计量点时，刚好生成 Ag_2CrO_4 沉淀所需 K_2CrO_4 的浓度较高，由于 K_2CrO_4 溶液呈黄色，当浓度高时，在实际操作过程中会影响终点判断，所以指示剂浓度还是略低一些为好，一般滴定溶液中所含指示剂 K_2CrO_4 浓度约为 5×10^{-3} mol/L 为宜。但当试液浓度较低时，还需做指示剂空白值校正，以减小误差。指示剂空白校正的方法是：量取与实际滴定到终点时等体积的蒸馏水，加入与实际滴定时相同体积的 K_2CrO_4 指示剂溶液和少量纯净 $CaCO_3$ 粉末，配成与实际测定类似的状况，用 $AgNO_3$ 标准溶液滴定至同样的终点颜色，记下读数，为空白值，测定时要从试液所消耗的 $AgNO_3$ 体积中扣除此数。

（2）滴定应当在中性或弱碱性介质中进行，因为在酸性溶液中 CrO_4^{2-} 转化为 $Cr_2O_7^{2-}$，使 CrO_4^{2-} 浓度降低，影响 Ag_2CrO_4 沉淀的形成，降低了指示剂的灵敏度。

$$2H^+ + 2CrO_4^{2-} \rightleftharpoons 2HCrO_4^- \rightleftharpoons Cr_2O_7^{2-} + H_2O$$

如果溶液的碱性太强，将析出 Ag_2O 沉淀：

$$2Ag^+ + 2OH^- \rightleftharpoons 2AgOH\downarrow \longrightarrow Ag_2O\downarrow + H_2O$$

同样不能在氨性溶液中进行滴定，因为易生成 $Ag(NH_3)_2^+$ 会使 AgCl 沉淀溶解：

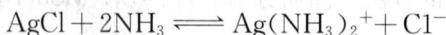

$$AgCl + 2NH_3 \rightleftharpoons Ag(NH_3)_2^+ + Cl^-$$

因此，莫尔法合适的酸度条件是 pH6.5～10.5。若试液为强酸性或强碱性，可先用酚酞作指示剂以稀 NaOH 或稀 H_2SO_4 调节酸度，然后再滴定。

（3）在试液中如有能与 CrO_4^{2-} 生成沉淀的 Ba^{2+}、Pb^{2+} 等阳离子，能与 Ag^+ 生成沉淀的 PO_4^{3-}、AsO_4^{3-}、SO_3^{2-}、S^{2-}、CO_3^{2-}、$Cr_2O_7^{2-}$ 等酸根，以及在中性或弱碱性溶液中能发生水解的 Fe^{3+}、Al^{3+}、Bi^{3+}、Sn^{4+} 等离子存在，都应预先分离。大量 Cu^{2+}、Ni^{2+}、Co^{2+} 等有色离子存在，也会影响滴定终点的观察。由此可知莫尔法的选择性是较差的。

（4）莫尔法可用于测定 Cl^- 或 Br^-，但不能用于测定 I^- 和 SCN^-，因为 AgI、AgSCN 的吸附能力太强，滴定到终点时有部分 I^- 或 SCN^- 被吸附，将引起较大的负误差。AgCl 沉淀也容易吸附 Cl^-，在滴定过程中，应剧烈振荡溶液，可以减少吸附，以期获得正确的终点。

2. 佛尔哈德法——铁铵矾作指示剂

本法以铁铵矾 $[NH_4Fe(SO_4)_2 \cdot 12H_2O]$ 作指示剂，在酸性介质中，用 KSCN 或

NH_4SCN 为标准溶液滴定。由于测定的对象不同,佛尔哈德法可分为直接滴定法和返滴定法。

1) 直接滴定法

在含有 Ag^+ 的硝酸溶液中加入铁铵矾指示剂,用 NH_4SCN 标准溶液滴定,先析出白色的 $AgSCN$ 沉淀,到达化学计量点时,微过量的 NH_4SCN 就与 Fe^{3+} 生成红色 $FeSCN^{2+}$,指示滴定终点到达。其反应为

$$Ag^+ + SCN^- === AgSCN\downarrow(白色)$$
$$Fe^{3+} + SCN^- === FeSCN^{2+}(红色)$$

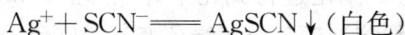

$AgSCN$ 要吸附溶液中的 Ag^+,所以在滴定时必须剧烈振荡,避免指示剂过早显色,减小测定误差。直接滴定法的溶液中 $[H^+]$ 一般控制在 $0.1\sim1mol/L$。若酸性太低,Fe^{3+} 将水解,生成棕色的 $Fe(OH)_3$ 或者 $Fe(H_2O)_5(OH)^{2+}$,影响终点的观察。此法的优点在于可以用来直接测定 Ag^+。

2) 返滴定法

在含有卤素离子的硝酸溶液中,加入一定量过量的 $AgNO_3$,以铁铵矾为指示剂,用 NH_4SCN 标准溶液回滴过量的 $AgNO_3$。例如,滴定 Cl^- 时的主要反应为

$$Ag^+ + Cl^- === AgCl\downarrow$$
$$Ag^+ + SCN^- === AgSCN\downarrow$$

当过量 1 滴 SCN^- 溶液时,Fe^{3+} 便与 SCN^- 反应生成红色的 $FeSCN^{2+}$ 指示终点已到。由于 $AgSCN$ 的溶解度小于 $AgCl$,加入过量 SCN^- 时,会将 $AgCl$ 沉淀转化为 $AgSCN$ 沉淀:

$$AgCl\downarrow + SCN^- === AgSCN\downarrow + Cl^-$$

使分析结果产生较大误差。为了避免上述情况的发生,通常采用下列措施:

(1) 当加入过量 $AgNO_3$,标准溶液后,立即加热煮沸试液,使 $AgCl$ 沉淀凝聚,以减少对 Ag^+ 的吸附。过滤后,再用稀 HNO_3,洗涤沉淀,并将洗涤液并入滤液中,用 NH_4SCN 标准溶液回滴滤液中过量的 $AgNO_3$。

(2) 在滴定前,先加入硝基苯(有毒!),使 $AgCl$ 进入硝基苯层而与滴定溶液隔离。本法较为简便。

由于 $AgBr$、AgI 的溶度积均比 $AgSCN$ 的小,不会发生沉淀转化反应,所以用返滴定法测定溴化物、碘化物时,可在 $AgBr$ 或 AgI 沉淀存在下进行回滴。但要注意,Fe^{3+} 能将 I^- 氧化成 I_2。因此在测定 I^- 时,必须先加 $AgNO_3$ 溶液后再加指示剂,否则会发生如下反应:

$$2Fe^{3+} + 2I^- === 2Fe^{2+} + I_2$$

影响测定结果的准确度。

佛尔哈德法的滴定是在 HNO_3 介质中进行,因此有些弱酸阴离子如 PO_4^{3-}、AsO_4^{3-}、$Cr_2O_4^{2-}$ 等不会干扰卤素离子的测定。

3. 法扬斯法——吸附指示剂法

吸附指示剂是一类有色的有机化合物。它的阴离子被吸附在胶体微粒表面之后,分

子结构发生变形,引起吸附指示剂颜色的变化,借以指示滴定终点。例如,以 $AgNO_3$ 标准溶液滴定 Cl^- 时,可用荧光黄吸附指示剂来指示滴定终点。荧光黄指示剂是一种有机弱酸,用 HFIn 表示,它在溶液中解离出黄绿色的 FIn^- 阴离子:

$$HFIn \rightleftharpoons H^+ + FIn^-$$

在化学计量点前,溶液中有剩余的 Cl^- 存在,AgCl 沉淀吸附 Cl^- 而带负电荷,因此荧光黄阴离子留在溶液中呈黄绿色。滴定进行到化学计量点后,AgCl 沉淀吸附 Ag^+ 而带正电荷,这时溶液中 FIn^- 被吸附,溶液颜色由黄绿色变为粉红色,指示滴定终点到达。其过程可以示意如下:

　　Cl^- 过量时:　　　　　　　$AgCl \cdot Cl^- + FIn^-$(黄绿色)

　　Ag^+ 过量时:　$AgCl \cdot Ag^+ + FIn^- \longrightarrow AgCl \cdot Ag^- + FIn^-$(粉红色)

应用法扬斯法要掌握以下 4 个条件:

(1) 因吸附指示剂的颜色变化是发生在沉淀表面,通常须加入一些保护胶体如淀粉,使沉淀的表面积大一些,滴定终点变化明显。稀溶液中沉淀少,观察终点比较困难。

(2) 必须控制适当的酸度,使指示剂呈阴离子状态。例如荧光黄($pK_a 7$)只能在中性或弱碱性(pH 10)溶液中使用,若 pH<7 则主要以 HFIn 形式存在,无法指示终点,因此溶液的 pH 应有利于吸附指示剂阴离子的存在。

(3) 卤化银沉淀对光敏感,易分解而析出金属银使沉淀变为灰黑色,故滴定过程要避免强光,否则,影响滴定终点的观察。

(4) 指示剂吸附性能要适中。胶体微粒对指示剂的吸附能力要比对待测离子的吸附能力略小,否则指示剂将在化学计量点前变色。但如果太小,又将使颜色变化不敏锐。卤化银对卤化物和几种吸附指示剂的吸附能力的次序如下:

$$I^- > SCN^- > Br^- > 曙红 > Cl^- > 荧光黄$$

因此,滴定 Cl^- 不能选用曙红,而应选用荧光黄。现将几种常用吸附指示剂列于表 2-25 中。

表 2-25　常用吸附指示剂

指示剂	被测离子	滴定剂	滴定条件
荧光黄	Cl^-,Br^-,I^-	$AgNO_3$	pH7～10
二氯荧光黄	Cl^-,Br^-,I^-	$AgNO_3$	pH4～10
曙红	Br^-,SCN^-,I^-	$AgNO_3$	pH2～10
甲基紫	Ag^+	NaCl	酸性溶液

习　题

1. 重量分析法的基本原理是什么? 有何优点和缺点?

2. 沉淀重量法对沉淀剂的用量如何决定?

3. 影响沉淀溶解度的因素有哪些?

4. 欲获得晶形沉淀,应注意掌握哪些沉淀条件?

5. 共沉淀和后沉淀有何不同？要想提高沉淀的纯度应采取哪些措施？

6. 均相沉淀法与一般的沉淀操作相比,有何优点？

7. 简述莫尔法的指示剂作用原理。

8. 应用银量法测定下列试样中的 Cl^- 含量时,要选用哪种指示剂指示终点较为适宜？

(1) $BaCl_2$ (2) $CaCl_2$ (3) $FeCl_2$

(4) $NaCl + H_3PO_4$ (5) $NaCl + Na_2SO_4$

9. 说明佛尔哈德法的选择性为什么会比莫尔法高？

10. 银量法中的法扬斯法,使用吸附指示剂时,应注意哪些问题？

11. 称取某可溶性盐 0.1616g,用 $BaSO_4$ 重量法测定其含硫量,称得 $BaSO_4$ 沉淀为 0.1491g,计算试样中 SO_3 的质量分数。 答:31.65%

12. 称取磁铁矿试样 0.1666g,经溶解后将 Fe^{3+} 沉淀为 $Fe(OH)_3$,最后灼烧为 Fe_2O_3 (称量形式),其质量为 0.1370g,求试样中 Fe_3O_4 的质量分数。 答:79.48%

13. 某一含 K_2SO_4 及 $(NH_4)_2SO_4$ 混合试样 0.6490g,溶解后加 $Ba(NO_3)_2$,使全部 SO_4^{2-} 都形成 $BaSO_4$ 沉淀,共重 0.9770g,计算试样中 K_2SO_4 的质量分数。 答:61.11%

14. 称取含有 $Al_2(SO_4)_3$、$MgSO_4$ 及惰性物质的试样 0.9980g,溶解后,用 8-羟基喹啉沉淀 Al^{3+} 和 Mg^{2+},经过滤、洗涤后,在 300℃ 干燥称得 $Al(C_9H_6NO)_3$ 和 $Mg(C_9H_6NO)_2$ 混合重为 0.8746g,再经灼烧,使其转化为 Al_2O_3,和 MgO,共重 0.1067g,计算试样中 $Al_2(SO_4)_3$ 和 $MgSO_4$ 的质量分数。 答:12.72%;20.59%

15. 称取硅酸盐试样 0.5000g,经分解后得到 NaCl 和 KCl 混合物质量为 0.1803g。将这混合物溶解于水,加入 $AgNO_3$,溶液得 AgCl 沉淀,称得该沉淀质量为 0.3904g,计算试样中 KCl 和 NaCl 的质量分数。 答:19.53%;16.53%

16. 称取磷矿石试样 0.4530g,溶解后以 $MgNH_4PO_4$ 形式沉淀,灼烧后得 $Mg_2P_2O_7$ 0.2825g,计算试样中 P 及 P_2O_5 的质量分数。 答:17.36%;39.77%

17. 称取纯 NaCl 0.1169g,加水溶解后,以 K_2CrO_4 为指示剂,用 $AgNO_3$ 标准溶液滴定时共用去 20.00mL,求该 $AgNO_3$ 溶液的浓度。 答:0.1000mol/L

18. 称取 KCl 与 KBr 的混合物 0.3208g,溶于水后进行滴定,用去 0.1014mol/L $AgNO_3$ 标准溶液 30.20mL,试计算该混合物中 KCl 和 KBr 的质量分数。 答:22.82%;77.18%

19. 称取纯试样 KIO_3 0.5000g,经还原为碘化物后,以 0.1000mol/L $AgNO_3$ 标准溶液滴定,消耗 23.36mL。求该盐的化学式。

学习情境四　强腐蚀性产品的分析检测
——烧碱分析检测

学习目标

(1) 掌握烧碱分析测定方法与原理。
(2) 能熟练测定烧碱任务中标准溶液的配制与标定。
(3) 掌握烧碱测定中仪器的使用与维护。

工作任务

学习情境	学习目标	学习任务
烧碱分析与检测	1. 掌握强腐蚀性物质的取样方法 2. 掌握工业烧碱生产工艺流程并能分析生产中可能存在的物质 3. 查找相关材料制定分析检测指标 4. 能正确操作、维护使用仪器设备 5. 能准确配制标准溶液 6. 能准确处理分析检测结果 7. 根据国标分析烧碱不合格的原因并能提出合理化的改进建议	1. 烧碱分析情境引入 2. 烧碱溶液中 NaOH 含量的测定 3. 烧碱溶液中 NaCl 含量的测定 4. 烧碱分析结果的表示和国标

【知识目标】

(1) 掌握烧碱的取样与保存方法。
(2) 掌握烧碱分析测定的方法与原理。
(3) 掌握烧碱测定仪器的使用与维护。

【能力目标】

(1) 能正确对烧碱进行取样与保存。
(2) 能正确应用烧碱测定的方法与原理。
(3) 能正确熟练的使用与维护分析测定仪器。

任务一　烧碱溶液中 NaOH 含量的测定
（方法 1　直接滴定法）

一、测定原理

　　本方法适用于单槽阴极液、阴极液总管、废氯处理配碱槽、离子交换树脂塔再生用碱、离子膜浴液烧碱浓度的分析。用酚酞作指示剂,用盐酸标准溶液滴定。

二、仪器和试剂

1. 仪器

酸式滴定管(50mL);分析天平(500g,0.01g)。

2. 试剂

盐酸(1.0mol/L);酚酞(1%)。

三、操作步骤

用天平称 2g 左右的烧碱溶液放入一个内盛有大约 100mL 水的 250mL 三角瓶内,用酚酞作指示剂,用 1.0mol/LHCl 标准溶液滴定,直到红色消失。

四、数据处理

烧碱中的质量百分含量按下式计算:

$$\omega = cV \times 40/(1000m) \times 100 = 4cV/m$$

式中　ω——NaOH 的含量,%;

　　　c——HCl 标准溶液的浓度,mol/L;

　　　V——HCl 标准溶液的体积,mL;

　　　m——所称烧碱试样的质量,g;

　　　40——NaOH 的摩尔质量,g/mol。

五、注意要点

当待测试样中氢氧化钠浓度较低时,可选用较低浓度的 HCl 标准溶液滴定。

任务二　烧碱溶液中 NaOH 含量的测定
(方法 2　重量法)

一、测定原理

本方法适用于 32% 烧碱入库浓度、48% 烧碱入库浓度、32% 成品烧碱、48% 成品烧碱中 NaOH 含量的测定。试样溶液中先加入氯化钡,将碳酸钠转化为碳酸钡沉淀,然后以酚酞为指示剂,用盐酸标准滴定溶液滴定至终点。反应如下:

$$Na_2CO_3 + BaCl_2 \longrightarrow BaCO_3 \downarrow + 2NaCl$$
$$NaOH + HCl \longrightarrow NaCl + H_2O$$

二、仪器和试剂

1. 仪器

分析天平,烧杯(100mL)3 个,容量瓶(1000mL)3 个,移液管(50mL)1 支,锥形瓶(250mL)4 个,量筒(10mL)1 个,酸式滴定管(50mL)1 支。

2. 试剂

盐酸标准溶液(c_{HCl} 1.0mol/L);氯化钡溶液(10%);酚酞指示剂(1%)。

三、操作步骤

1. 试样溶液的制备

用已知质量干燥洁净的称量瓶,迅速从样品瓶中移取液体氢氧化钠(50±1)g(精确至0.01g)。将已称取的样品置于已盛有约300mL水的1000mL容量瓶中,冲洗称量瓶,将洗液加入容量瓶中。冷却至室温后定容、摇匀。

2. 氢氧化钠含量的测定

移取50.00mL试样溶液,注入250mL三角瓶中,加入10mL氯化钡溶液,加入2~3滴酚酞指示剂,用盐酸标准滴定溶液密闭滴定至粉红色为终点。记下滴定所消耗盐酸标准滴定溶液的体积为V。

四、数据处理

以质量百分数表示的氢氧化钠(NaOH)含量ω按下式计算:

$$\omega = [cV \times 0.04000/(m \times 50/1000)] \times 100 = 80cV/m$$

式中　ω——NaOH 的含量,%;

　　　V——所消耗盐酸标准滴定溶液的体积,mL;

　　　c——盐酸标准滴定溶液的实际浓度,mol/L;

　　　m——试样的质量,g;

　　　0.04000——与1.00mL盐酸标准滴定溶液(c_{HCl} 1.000mol/L)相当的以克表示的
　　　　　　　　　氢氧化钠质量。

五、注意要点

为提高测定结果的准确性,应对测定氢氧化钠所消耗盐酸标准滴定溶液的体积进行修正,方法如下:

$$V = V_{20℃} + b \quad V_{20℃} = V_0 \times a \quad V = V_0 \times a + b$$

式中　V_0——实际温度下所消耗盐酸标准滴定溶液的体积,mL;

　　　a——盐酸标准溶液的温度校正系数;

　　　b——所用酸式滴定管在此体积消耗下的修正值。

任务三　烧碱溶液中 NaCl 含量的测定(分光光度法)

一、测定原理

本方法适用于阴极液循环系统烧碱溶液中 NaCl 含量的测定。试样中氯离子(Cl⁻)全部取代硫氰酸汞中的硫氰酸根(SCN⁻),而被取代的硫氰酸根(SCN⁻)与硝酸铁反应生成了硫氰酸铁,显红色,在波长 450nm 处,对有色溶液进行光度测定。

反应式如下:

$$2NaCl + Hg(SCN)_2 \!\!=\!\!\!=\!\! HgCl_2 + 2NaSCN$$
$$3NaSCN + Fe(NO_3)_3 \!\!=\!\!\!=\!\! 3NaNO_3 + Fe(SCN)_3$$

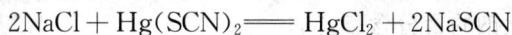

二、仪器和试剂

1. 仪器

一般实验室仪器和分光光度计。

2. 试剂

硝酸(68%);硝酸铁溶液(以 Fe 计 8g/L);硫氰酸汞溶液(0.5g/L);氯化钠标准溶液(0.1mg/mL);氯化钠标准溶液(0.01mg/mL);酚酞指示剂(1%)。

三、操作步骤

1. 试样溶液的制备

称取 50g 氢氧化钠试样(准确至 0.01g),溶于已加有 200mL 水的 250mL 容量瓶中,再定容、摇匀制得(溶液Ⅰ)。吸取 100mL 溶液Ⅰ至 200mL 容量瓶中,以酚酞作指示剂,用硝酸中和,冷却后用水稀释至 200mL 制得(溶液Ⅱ)。

2. 空白试验

空白试验与试样测定同时进行,其测定手续和所用试剂量均与测定试样时相同,只是不加试样溶液及中和试样时使用的硝酸。

3. 标准曲线按下列方法绘制

(1) 标准比色溶液的配制:依次吸取 0.0mL、1.0mL、2.0mL、4.0mL、6.0mL、8.0mL、10.0mL 氯化钠溶液(0.1mg/mL),分别置于 50mL 容量瓶中,然后,在每个容量瓶中依次加入 5mL 硝酸、5mL 硝酸铁溶液和 20mL 硫氰酸汞,用水稀释至刻度,摇匀,静置 30min 显色。

(2) 标准比色溶液吸光度的测定:用分光光度计于波长 450nm 处,以水调整零点,选用 3cm 吸收池进行吸光度测定。

(3) 标准曲线的绘制:从标准比色溶液的吸光度中扣除试剂空白的吸光度,以 50mL 标准比色溶液中氯化钠的质量(μg)为横坐标,与其相应的吸光度为纵坐标,绘制标准曲线。

4. 试样吸光度的测定

吸取 10mL 试样溶液Ⅱ,置于 50mL 容量瓶中,加 5.0mL 硝酸、5.0mL 硝酸铁和 20.0mL 硫氰酸汞,用水稀释至刻度,摇匀,静置 30min 显色,用分光光度计于波长 450nm 处,以水调整零点,选用 3cm 吸收池进行吸光度测定。

四、数据处理

由标准曲线上查出与所测试样的吸光度相对应的氯化钠的质量(μg),则氯化钠的百分含量按下式计算：

$$\omega = (m_1 \times 250 \times 200/1000m_0) \times 10^{-6} \times 100 = (50m_1/m_0) \times 10^{-4}$$

式中 ω——烧碱中氯化钠的百分含量，%；

     m_0——试样的质量，g；

     m_1——由标准曲线上查出与所测试样吸光度相对应的氯化钠质量，μg。

任务四   烧碱中 $NaClO_3$ 含量的测定

一、测定原理

本方法适用于阴极液循环系统烧碱溶液中 $NaClO_3$ 含量的测定。在强酸介质中，氯酸盐与邻-联甲苯胺生成稳定的黄色络合物，用分光光度计测定吸光度。

二、仪器和试剂

1. 仪器

一般实验室仪器试剂和分光光度计。

2. 试剂

用于氯酸钠分析的容器应避免与橡胶或其他有机物接触。

盐酸(GB/T 622—1989、AR，36%～38%)；邻-联甲苯胺溶液(0.1% mg/L)；氢氧化钠溶液(GB/T 629—1997、200g/L)；氯酸钠标准溶液(0.1mg/mL)；氯酸钠标准溶液(0.01mg/mL)；酚酞指示剂：1%。

三、操作步骤

1. 试样及其制备

称取 5～10g 试样，称准至 0.01g。置于 100mL 容量瓶中。

2. 空白试验

空白试验与试样测定同时进行，其测定手续和所用试剂与测定试样时相同，只是用试剂氢氧化钠代替试样。

3. 标准曲线按下列方法绘制

(1) 标准比色液的配制：将与测定试样所含的氢氧化钠等量的试剂氢氧化钠分别置于 100mL 容量瓶中，再依次加入氯酸钠标准溶液(0.01mg/mL)0.0mL、1.0mL、2.0mL、3.0mL、4.0mL、5.0mL、6.0mL，然后依次加入 2.0mL 邻-联甲苯胺和 10mL 水，在冷水浴中用滴管一滴滴注入盐酸，边加边振荡，以酚酞为指示剂进行中和，中和完毕后，盐酸再过量 30mL，然后，将容量瓶自水浴中移出，用水稀释至刻度，摇匀，静置 10min 显色。

(2) 标准比色溶液吸光度的测定：用分光光度计于波长 442nm 处，以蒸馏水调节分光光度计零点(用 1cm 吸收池)，进行吸光度测定。

(3) 标准曲线的绘制：从标准比色溶液的吸光度扣除试剂空白的吸光度，以 100mL 标准比色溶液中氯酸钠的质量(μg)为横坐标，以与其对应的吸光度为纵坐标，绘制标准曲线。

4. 试样吸光度的测定

将 2.0mL 邻-联甲苯胺注入已盛试样的 100mL 容量瓶中，加 10mL 水，在冷水浴中，用滴管一滴滴注入盐酸，边加边振荡，以酚酞为指示剂进行中和，中和完毕后，盐酸再过量 30mL，然后，将容量瓶自水浴中移出，用水稀释至刻度，摇匀，静置 10min 显色。用分光光度计于波长 442nm 处，以蒸馏水调节分光光度计零点（用 1cm 吸收池），进行吸光度测定。

四、数据处理

由标准曲线上查出与所测试样吸光度相对应的氯酸钠质量（μg），则氯酸钠的百分含量按下式计算：

$$\omega = (m_1/m_0) \times 10^{-6} \times 100 = (m_1/m_0) \times 10^{-4}$$

式中 ω——烧碱试样中氯酸钠的百分含量，%；

m_0——试样质量，g；

m_1——由标准曲线上查出与所测试样吸光度相对应的氯酸钠质量，μg。

学习情境五 强腐蚀性产品的分析检测
——双氧水分析检测

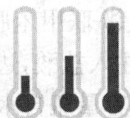

学习目标

(1) 双氧水生产方法与流程。
(2) 双氧水的定性检验。
(3) 双氧水样品采集方法。
(4) 双氧水的定量分析。
(5) 双氧水分析指标与国家标准对照。
(6) 能准确填写测定数据。
(7) 国家标准的阅读及应用。
(8) 工业双氧水的质量控制指标。

工作任务

学习情境	学习目标	学习任务
双氧水分析与检测	1. 掌握强腐蚀性液体物质的取样方法 2. 了解双氧水中可能存在的物质 3. 查找相关材料制定分析检测的指标 4. 能正确操作、维护使用仪器设备 5. 能准确制备标准溶液 6. 能准确处理分析检测结果 7. 根据国标分析双氧水不合格的原因 8. 工业合格双氧水生产方法	1. 过氧化氢含量的测定原理与操作方法 2. 双氧水中游离酸含量测定原理与操作方法

【知识目标】
(1) 双氧水含量分析方法与原理。
(2) 双氧水含量分析方法的实操技能。
(3) 正确使用定性分析仪器。
(4) 了解双氧水分析指标与国家标准。

【能力目标】
(1) 会采集双氧水样品,能进行样品的处理。
(2) 能正确使用定性分析仪器进行过氧化氢含量的测定。
(3) 能正确使用定性分析仪器进行双氧水中游离酸含量测定。
(4) 能准确填写测定数据。

任务一　过氧化氢含量的测定

一、测定原理

在酸性介质中,过氧化氢与高锰酸钾发生氧化-还原反应。根据高锰酸钾标准滴定溶液的消耗量,计算过氧化氢的含量。反应式为

$$2KMnO_4 + 3H_2SO_4 + 5H_2O_2 \longrightarrow K_2SO_4 + 2MnSO_4 + 5O_2\uparrow + 8H_2O$$

二、仪器和试剂

1. 仪器

实验室常用玻璃仪器,分析天平、滴瓶(10mL 或 25mL),棕色滴定管:50mL。

2. 试剂

(1) $KMnO_4$ 标准滴定溶液:$c_{\frac{1}{5}KMnO_4}$ 0.1mol/L,称取 3.3g 高锰酸钾,溶于 1050mL 水中,缓慢煮沸 15min,冷却后储于棕色瓶中于暗处密闭放置 1～2 周,用微孔玻璃滤埚除去沉淀物,摇匀后用基准物 $Na_2C_2O_4$ 标定。

(2) H_2SO_4 溶液(1+15):量取 30mL 硫酸缓慢加入到盛有 450mL 蒸馏水的烧杯中,边加入边搅拌,配好的溶液盛于试剂瓶中备用。

(3) 试样:27.5% 的成品双氧水若干。

三、操作步骤

(1) 高锰酸钾标准滴定溶液的配制与标定。准确称取 0.13～0.16g 基准物质 $Na_2C_2O_4$ 置于 250mL 锥形瓶中,加 40mL 水,10mL 3mol/L H_2SO_4,加热至 70～80℃(即开始冒蒸气时的温度),趁热用 $KMnO_4$ 溶液进行滴定。直至滴定的溶液显微红色,0.5min 不退色即为终点。注意终点时溶液的温度应保持在 60℃以上。平行标定 3 份,计算 $KMnO_4$ 溶液的浓度。

(2) 称量。用滴瓶以减量法称量试样 0.15～0.20g,精确到 0.0002g。

(3) 滴定。置于一盛有 100mL 的硫酸溶液的锥形瓶中,用高锰酸钾标准溶液滴定至溶液呈粉红色,并在 30s 内不消失即为终点。平行测定 3 次,取平均值。

四、数据处理

以质量分数表示的过氧化氢(以 H_2O_2 计)含量 ω 按下式计算

$$\omega = \frac{cV \times 0.01701}{m} \times 100\%$$

式中　ω——H_2O_2 的含量,%;

　　　　V——滴定中消耗的高锰酸钾标准滴定溶液的体积,mL;

　　　　c——高锰酸钾标准滴定溶液的浓度,mol/L;

　　　　m——过氧化氢试样的质量,g;

0.01701——1.00mL 高锰酸钾溶液($c_{\frac{1}{5}KMnO_4}=1.000mol/L$)相当于过氧化氢的质量。

五、注意要点

（1）在该测定中，利用分析天平练习液体试样的称取方法。

（2）开始滴定时滴加速度应特别慢，当第 1 滴 $KMnO_4$ 颜色消失后，再滴定时可快速进行。这是因为反应生成的 Mn^{2+} 起催化作用，可以促进该氧化-还原反应的进行。

任务二　双氧水中游离酸含量测定

一、测定原理

双氧水在生产过程中，必须控制一定的酸度，以增加双氧水的稳定性，避免双氧水发生分解，造成危险。游离酸的测定采用酸碱滴定法。以甲基红-亚甲基蓝为指示剂，用氢氧化钠标准滴定溶液与试样中的游离酸发生中和反应，从而测定试样中的游离酸含量。

二、操作步骤

称取约 30g 试样，精确到 0.01g，用 100mL 不含二氧化碳的中性水将试样全部移入 250mL 的锥形瓶中，加入 2～3 滴甲基红-亚甲基蓝混合指示剂，用氢氧化钠标准溶液滴定至溶液由紫红色变为暗蓝色，即为终点。平行测定三次，求平均值。

三、数据处理

以质量分数表示的游离酸（以 H_2SO_4 计）的含量 ω 可按下式计算

$$\omega = \frac{cV \times 0.04904}{m} \times 100\%$$

式中　ω——H_2SO_4 的含量，%；

　　　c——氢氧化钠标准滴定溶液的浓度，mol/L；

　　　V——滴定中消耗的氢氧化钠标准滴定溶液的体积，mL；

　　　m——过氧化氢试样的质量，g；

　　　0.04904——1.00mL 氢氧化钠标准滴定溶液相当于硫酸的质量。

理论知识一

性质：工业过氧化氢，俗称双氧水，它是一种无色透明的液体，高浓度时具有轻微的刺激性气味。相对密度 1.4067（25℃），熔点 −0.41℃，沸点 150.2℃。具有较强的氧化能力，但遇到更强的氧化剂如高锰酸钾等，则呈还原性，可参加分解、加成、取代、还原、氧化等反应。过氧化氢是较不稳定的物质，当接触光、热、粗糙表面时，会分解为水及氧气，并放出大量的热。在阳光直射的情况下，可导致剧烈分解甚至爆炸。在有酸存在的情况下较稳定，浓品（40%）具有腐蚀性，可对皮肤有漂白及灼伤作用。

用途：双氧水是一种重要的化工产品，被广泛应用于国民经济中。该产品主要用于织物、纸浆、草藤制品的漂白剂;用于有机合成及高分子合成的氧化剂;在电镀工业、电子工业用作清洗剂;还能用于生产各种过氧化物。在化工、纺织、三废处理、食品加工、医药工业、建材、军工工业等行业被广泛应用。

常用的生产双氧水的方法有电解法和蒽醌法,目前过氧化氢生产以蒽醌法为主。国内共有 60 多家生产双氧水的企业,年生产能力可达 93 万 t/年。

一、生产工艺简介

蒽醌法生产双氧水的工艺过程如下。

1. 工作液的氢化

蒽醌法生产双氧水是以 2-乙基蒽醌为载体,以重芳烃及磷酸三辛酯为混合溶剂,配成具有一定组成的溶液,称为工作液。在催化剂存在下,在压力 0.25~0.35MPa,温度 70~88℃条件下,工作液中的蒽醌与氢气进行氢化反应,得到相应的氢蒽醌溶液(简称氢化液)。

2. 氢化液的氧化

氢化液与空气在压力为 0.25~0.35MPa、温度为 45~65℃条件下进行氧化,氢蒽醌重新恢复成原来的蒽醌。

3. 氧化液中过氧化氢的萃取

利用工作液或过氧化氢与水的相对密度差,使纯水与氧化液成逆流萃取操作,经过一次次重新凝聚与重新分散的过程,使水相中的过氧化氢浓度逐渐增高,最后达到 27.5%以上。

4. 过氧化氢的净化

将萃取所得的粗双氧水与重芳烃进行逆流萃取操作,以除去粗双氧水中的有机物。

5. 工作液的后处理

将经过萃取操作后的氧化液即萃余液与碳酸钾溶液进行逆流操作,以中和氧化时产生的酸性氧化物,除去工作液中多余的水分,分解一部分多余的过氧化氢。

二、工艺流程

蒽醌法生产双氧水的工艺流程如图 2-13 所示。

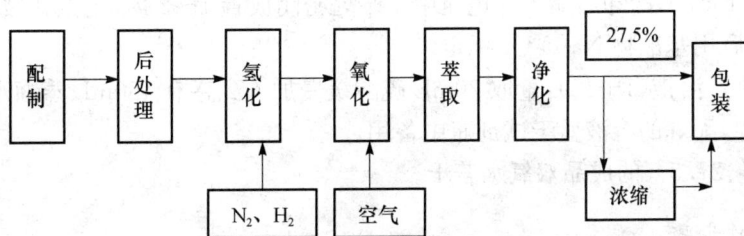

图 2-13 蒽醌法生产双氧水的工艺流程图

控制点分析项目:氢化效率、氧化效率、氧化液酸度、工作液碱度、萃余液双氧水含量、萃取液双氧水含量、萃取液酸度、后处理工作液碱度、工作液组分、蒽醌含量、双氧水成品分析。

三、工业过氧化氢的技术要求

工业过氧化氢的技术指标符合(GB 1616—2003)工业用双氧水,见表 2-26。

表 2-26　工业过氧化氢技术指标(GB 1616—2003)

项　　目		指　　标					
		27.5%		30%	35%	50%	70%
		优等品	合格品				
过氧化氢的质量分数/%	≥	27.5	27.5	30.0	35.0	50.0	70.0
游离酸(以 H_2SO_4 计)的质量分数/%	≤	0.040	0.050	0.040	0.040	0.040	0.050
不挥发物的质量分数/%	≤	0.080	0.10	0.080	0.080	0.080	0.12
稳定度/%	≥	97.0	90.0	97.0	97.0	97.0	97.0
总碳(以 C 计)的质量分数/%	≤	0.030	0.040	0.025	0.025	0.035	0.050
硝酸盐(以 NO_3^- 计)的质量分数/%	≤	0.020	0.020	0.020	0.020	0.025	0.030

注:过氧化氢、游离酸、不挥发物、稳定度为强制性要求。

四、过氧化氢含量的测定

(一)测定原理

在酸性介质中,过氧化氢与高锰酸钾发生氧化-还原反应。根据高锰酸钾标准滴定溶液的消耗量,计算过氧化氢的含量。反应式为

$$2KMnO_4 + 3H_2SO_4 + 5H_2O_2 \longrightarrow K_2SO_4 + 2MnSO_4 + 5O_2 \uparrow + 8H_2O$$

(二)仪器和试剂

1. 仪器

实验室常用玻璃仪器,分析天平、滴瓶(10mL 或 25mL),棕色滴定管:50mL。

2. 试剂

(1) $KMnO_4$ 标准滴定溶液:$c_{\frac{1}{5}KMnO_4}$ 0.1mol/L,称取 3.3g 高锰酸钾,溶于 1050mL 水中,缓慢煮沸 15min,冷却后储于棕色瓶中于暗处密闭放置 1~2 周,用微孔玻璃滤埚除去沉淀物,摇匀后用基准物 $Na_2C_2O_4$ 标定。

(2) H_2SO_4 溶液(1+15):量取 30mL 硫酸缓慢加入到盛有 450mL 蒸馏水的烧杯中,边加入边搅拌,配好的溶液盛于试剂瓶中备用。

(3) 试样:27.5% 的成品双氧水若干。

(三)操作步骤

(1) 高锰酸钾标准滴定溶液的配制与标定。

(2) 称量。用滴瓶以减量法称量试样 0.15~0.20g,精确到 0.0002g。

(3) 滴定。置于一盛有 100mL 的硫酸溶液的锥形瓶中,用高锰酸钾标准溶液滴定至

溶液呈粉红色,并在 30s 内不消失即为终点。平行测定 3 次,取平均值。

（四）数据处理

以质量分数表示的过氧化氢(以 H_2O_2 计)含量按下式计算

$$\omega = \frac{cV \times 0.01701}{m} \times 100\%$$

式中　ω——H_2O_2 的含量,%；

　　　　V——滴定中消耗的高锰酸钾标准滴定溶液的体积,mL；

　　　　c——高锰酸钾标准滴定溶液的浓度,mol/L；

　　　　m——过氧化氢试样的质量,g；

　　　　0.01701——1.00mL 高锰酸钾溶液 $c_{\frac{1}{5}KMnO_4}$ 1.000mol/L 相当于过氧化氢的质量。

（五）注意要点

（1）在该测定中,利用分析天平练习液体试样的称取方法。

（2）开始滴定时滴加速度应特别慢,当第一滴 $KMnO_4$ 颜色消失后,再滴定时可快速进行。这是因为反应生成的 Mn^{2+} 起催化作用,可以促进该氧化-还原反应的进行。

五、双氧水中游离酸含量测定

双氧水在生产过程中,必须控制一定的酸度,以增加双氧水的稳定性,避免双氧水发生分解,造成危险。游离酸的测定采用酸碱滴定法。

（一）实验原理

以甲基红-亚甲基蓝为指示剂,用氢氧化钠标准滴定溶液与试样中的游离酸发生中和反应,从而测定试样中的游离酸含量。

（二）操作步骤

称取约 30g 试样,精确到 0.01g,用 100mL 不含二氧化碳的中性水将试样全部移入 250mL 的锥形瓶中,加入 2~3 滴甲基红-亚甲基蓝混合指示剂,用氢氧化钠标准溶液滴定至溶液由紫红色变为暗蓝色,即为终点。

（三）计算

以质量分数表示的游离酸(以 H_2SO_4 计)的含量可按下式计算

$$\omega = \frac{cV \times 0.04904}{m} \times 100\%$$

式中　ω——H_2SO_4 的含量,%；

　　　　c——氢氧化钠标准滴定溶液的浓度,mol/L；

　　　　V——滴定中消耗的氢氧化钠标准滴定溶液的体积,mL；

m——过氧化氢试样的质量，g；

0.04904——1.00mL 氢氧化钠标准滴定溶液相当于硫酸的质量。

理论知识二

一、概述

氧化还原滴定法是以氧化还原反应为基础的滴定分析法。氧化还原滴定法能直接或间接测定许多无机物和有机物。例如，用重铬酸钾法测定铁，可配制 $K_2Cr_2O_7$ 标准溶液，以二苯胺磺酸钠为指示剂，用 $K_2Cr_2O_7$，标准溶液滴定溶液中的 Fe^{2+}，其反应为

$$Cr_2O_7^{2-} + 6Fe^{2+} + 14H^+ == 2Cr^{3+} + 6Fe^{3+} + 7H_2O$$

当滴定到达终点时，指示剂变色，从而可以测定和计算铁的含量。对于某些没有变价的元素，也可以通过转化为具有氧化还原性质的物质进行间接测定。例如钙的含量测定等。所以在滴定分析中，氧化还原滴定法应用较为广泛。

但是，氧化还原反应是在溶液中氧化剂与还原剂之间的电子转移，反应机理比较复杂，除主反应外，经常可能发生各种副反应，使反应物之间不是定量进行，而且反应速率一般较慢。因此对氧化还原反应必须选择适当的条件，使之符合滴定分析的基本要求。

在氧化还原滴定法中是以氧化剂或还原剂作为标准溶液，习惯上分为高锰酸钾法、重铬酸钾法、碘法等滴定方法。各种滴定方法都有其特点和应用范围。本章主要介绍几种氧化还原滴定法的基本原理和应用。

二、氧化还原平衡

（一）标准电极电位和条件电极电位

在氧化还原反应中，氧化剂和还原剂的强弱，可以用有关电对的电极电位（简称电位）来衡量。电对的电位越高，其氧化态的氧化能力越强；电位越低，其还原态的还原能力越强。氧化剂可以氧化电位比它低的还原剂；还原剂可以还原电位比它高的氧化剂。氧化还原电对的电极电位可用能斯特公式求得。例如，下述 Ox/Red 电对（省略离子的电荷）的半反应，电对电极电位的能斯特公式为

$$Ox + ne^- \rightleftharpoons Red$$

电对电极电位的能斯特公式为

$$E_{Ox/Red} = E^{\ominus}_{Ox/Red} + \frac{RT}{nF}\ln\frac{a_{Ox}}{a_{Red}}$$

式中　$E_{Ox/Red}$——氧化态 Ox-还原态 Red 电对的电极电位；

　　　$E^{\ominus}_{Ox/Red}$——标准电极电位；

　　　a_{Ox}、a_{Red}——氧化态 Ox 及还原态 Red 的活度，离子的活度等于浓度 c 乘以活度系数 γ，$a = \gamma c$；

　　　R——摩尔气体常数，8.314J/(mol·K)；

　　　T——热力学温度；

F——法拉第常数，96485C/mol；

n——半反应中电子的转移数。

将以上数据代入式 $E_{\text{Ox/Red}} = E_{\text{Ox/Red}}^{\ominus} + \dfrac{RT}{nF} \ln \dfrac{a_{\text{Ox}}}{a_{\text{Red}}}$ 中，在 25℃时可得

$$E_{\text{Ox/Red}} = E_{\text{Ox/Red}}^{\ominus} + \frac{0.059}{n} \lg \frac{a_{\text{Ox}}}{a_{\text{Red}}}$$

从式 $E_{\text{Ox/Red}} = E_{\text{Ox/Red}}^{\ominus} + \dfrac{0.059}{n} \lg \dfrac{a_{\text{Ox}}}{a_{\text{Red}}}$ 中可见，电对的电极电位与存在于溶液中氧化态和还原态的活度 a 有关。当 $a_{\text{Ox}} = a_{\text{Red}} = 1$ 时，$E_{\text{Ox/Red}} = E_{\text{Ox/Red}}^{\ominus}$，这时的电极电位等于标准电极电位。所谓标准电极电位是指在一定温度下（通常为 25℃），氧化还原半反应中各组分都处于标准状态，即离子或分子的活度等于 1mol/L，反应中若有气体参加则其分压等于 101 325Pa(1atm)时的电极电位。$E_{\text{Ox/Red}}^{\ominus}$ 仅随温度变化。

为了简化起见，忽略溶液中离子强度的影响，通常就以溶液的浓度代替活度进行计算。但在实际工作中，溶液中离子强度的影响不能忽视，更重要的是当溶液组成改变时，电对的氧化态和还原态的存在形式也随之改变，因而引起电极电位的变化，在这种情况下，用能斯特公式计算有关电对的电极电位时，若仍采用标准电位，不考虑离子强度的影响，其计算结果与实际情况相差很大。现以 HCl 溶液中 Fe(Ⅲ)/Fe(Ⅱ)体系的电位计算为例，用能斯特公式得：

$$E_{\text{Fe}^{3+}/\text{Fe}^{2+}} = E_{\text{Fe}^{3+}/\text{Fe}^{2+}}^{\ominus} + 0.059 \lg \frac{a_{\text{Fe}^{3+}}}{a_{\text{Fe}^{2+}}}$$

$$E_{\text{Fe}^{3+}/\text{Fe}^{2+}} = E_{\text{Fe}^{3+}/\text{Fe}^{2+}}^{\ominus} + 0.059 \lg \frac{\gamma_{\text{Fe}^{3+}}[\text{Fe}^{3+}]}{\gamma_{\text{Fe}^{2+}}[\text{Fe}^{2+}]}$$

另一方面，在 HCl 溶液中除 Fe^{3+}、Fe^{2+} 外，三价铁还有 Fe(OH)^{2+}、FeCl^{2+}、FeCl_2^{+}、FeCl_4^{-}、FeCl_6^{3-} 等存在形式，而二价铁也还有 Fe(OH)^{+}、FeCl^{+}、FeCl_3^{-}、FeCl_4^{2-} 等存在形式。若用 $c_{\text{Fe(Ⅲ)}}$、$c_{\text{Fe(Ⅱ)}}$ 分别表示溶液中三价铁 Fe(Ⅲ)和二价铁 Fe(Ⅱ)各种存在形式的总浓度，则

$$\alpha_{\text{Fe}^{3+}} = \frac{c_{\text{Fe(Ⅲ)}}}{[\text{Fe}^{3+}]}$$

$$\alpha_{\text{Fe}^{2+}} = \frac{c_{\text{Fe(Ⅱ)}}}{[\text{Fe}^{2+}]}$$

$\alpha_{\text{Fe}^{3+}}$ 及 $\alpha_{\text{Fe}^{2+}}$ 分别是 HCl 溶液中 Fe^{3+} 和 Fe^{2+} 的副反应系数。代入式 $E_{\text{Fe}^{3+}/\text{Fe}^{2+}} = E_{\text{Fe}^{3+}/\text{Fe}^{2+}}^{\ominus} + 0.059 \lg \dfrac{\gamma_{\text{Fe}^{3+}}^{\ominus}[\text{Fe}^{3+}]}{\gamma_{\text{Fe}^{2+}}[\text{Fe}^{2+}]}$ 得

$$E_{\text{Fe}^{3+}/\text{Fe}^{2+}} = E_{\text{Fe}^{3+}/\text{Fe}^{2+}}^{\ominus} + 0.059 \lg \frac{\gamma_{\text{Fe}^{3+}} \cdot \alpha_{\text{Fe}^{2+}} \cdot c_{\text{Fe(Ⅲ)}}}{\gamma_{\text{Fe}^{2+}} \cdot \alpha_{\text{Fe}^{3+}} \cdot c_{\text{Fe(Ⅱ)}}}$$

因为 Fe^{3+} 和 Fe^{2+} 的总浓度 $c_{\text{Fe(Ⅲ)}}$ 和 $c_{\text{Fe(Ⅱ)}}$ 是知道的，α 和 γ 在一定条件下为一固定值，可以并入常数项中，为此将上式改写为

$$E_{\text{Fe}^{3+}/\text{Fe}^{2+}} = E_{\text{Fe}^{3+}/\text{Fe}^{2+}}^{\ominus} + 0.059 \lg \frac{\gamma_{\text{Fe}^{3+}} \cdot \alpha_{\text{Fe}^{2+}}}{\gamma_{\text{Fe}^{2+}} \cdot \alpha_{\text{Fe}^{3+}}} + 0.059 \lg \frac{c_{\text{Fe(Ⅲ)}}}{c_{\text{Fe(Ⅱ)}}}$$

令

$$E^{\Theta'}_{Fe^{3+}/Fe^{2+}} = E^{\Theta}_{Fe^{3+}/Fe^{2+}} + 0.059 \lg \frac{\gamma_{Fe^{3+}} \cdot \alpha_{Fe^{2+}}}{\gamma_{Fe^{2+}} \cdot \alpha_{Fe^{3+}}}$$

则式 $E_{Fe^{3+}/Fe^{2+}} = E^{\Theta}_{Fe^{3+}/Fe^{2+}} + 0.059 \lg \frac{\gamma_{Fe^{3+}} \cdot \alpha_{Fe^{2+}} \cdot c_{Fe(III)}}{\gamma_{Fe^{2+}} \cdot \alpha_{Fe^{3+}} \cdot c_{Fe(II)}}$ 可写作：

$$E_{Fe^{3+}/Fe^{2+}} = E^{\Theta}_{Fe^{3+}/Fe^{2+}} + 0.059 \lg \frac{c_{Fe(III)}}{c_{Fe(II)}}$$

式中 $E^{\Theta'}_{Fe^{3+}/Fe^{2+}}$ 称为条件电极电位。它表示在一定介质条件下氧化态和还原态的总浓度都为 1mol/L 或二者浓度比值为 1 时校正了各种外界因素影响后的实际电位,条件电极电位反映了离子强度与各种副反应影响的总结果,在一定条件下为常数。在处理有关氧化还原反应的电位计算时,应尽量采用条件电极电位,当缺乏相同条件下的电极电位数据时,可采用条件相近的条件电极电位,这样所得的处理结果比较接近实际情况。

(二)氧化还原平衡常数

在氧化还原滴定分析法中,要求氧化还原反应进行得越完全越好,而反应的完全程度是以它的平衡常数大小来衡量。氧化还原反应的平衡常数,可以根据能斯特公式和有关电对的条件电极电位或标准电极电位求得。设下列氧化还原反应式为

$$n_2 Ox_1 + n_1 Red_2 \rightleftharpoons n_2 Red_1 + n_1 Ox_2$$

两电对的电极电位为

$$Ox_1 + n_1 e \rightleftharpoons Red_1$$

$$E_1 = E^{\Theta'}_1 + \frac{0.059}{n_1} \lg \frac{c_{Ox_1}}{c_{Red_1}}$$

$$Ox_2 + n_2 e^- \rightleftharpoons Red_2$$

$$E_2 = E^{\Theta'}_2 + \frac{0.059}{n_2} \lg \frac{c_{Ox_2}}{c_{Red_2}}$$

当反应达到平衡时,$E_1 = E_2$,则

$$E^{\Theta'}_1 + \frac{0.059}{n_1} \lg \frac{c_{Ox_1}}{c_{Red_1}} = E^{\Theta'}_2 + \frac{0.059}{n_2} \lg \frac{c_{Ox_2}}{c_{Red_2}}$$

$$E^{\Theta'}_1 - E^{\Theta'}_2 = \frac{0.059}{n_2} \lg \frac{c_{Ox_2}}{c_{Red_2}} - \frac{0.059}{n_1} \lg \frac{c_{Ox_1}}{c_{Red_1}}$$

$$= \frac{0.059}{n_1 n_2} \lg \left(\frac{c_{Ox_2}}{c_{Red_2}}\right)^{n_1} \left(\frac{c_{Red_1}}{c_{Ox_1}}\right)^{n_2}$$

当反应式 $n_2 Ox_1 + n_1 Red_2 \rightleftharpoons n_2 Red_1 + n_1 Ox_2$ 达到平衡时,则有

$$\frac{(c_{Red_1})^{n_2} \cdot (c_{Ox_2})^{n_1}}{(c_{Ox_1})^{n_2} \cdot (c_{Red_2})^{n_1}} = K(平衡常数)$$

将上式代入式 $E^{\Theta'}_1 - E^{\Theta'}_2 = \frac{0.059}{n_1 n_2} \lg \left(\frac{c_{Ox_2}}{c_{Red_2}}\right)^{n_1} \left(\frac{c_{Red_1}}{c_{Ox_1}}\right)^{n_2}$ 中得

$$\lg K = \frac{(E_1^{\ominus'} - E_2^{\ominus'}) n_1 n_2}{0.059}$$

由此可知氧化还原反应的平衡常数 K 值的大小是直接由氧化剂和还原剂两电对的条件电极电位之差来决定的。两者差值越大，K 值也就越大，反应进行得越完全。根据 2 个电对的电极电位值，就可以计算氧化还原反应的平衡常数 K 值。

【例 2-17】 对于氧化还原反应

$$n_2 \mathrm{Ox}_1 + n_1 \mathrm{Red}_2 \Longleftrightarrow n_2 \mathrm{Red}_1 + n_1 \mathrm{Ox}_2$$

当 $n_1 = n_2 = 1$，若到达化学计量点时，氧化还原反应的完全程度在 99.9% 以上，问 $\lg K$ 应为多少？$E_1^{\ominus'} - E_2^{\ominus'}$ 之差值应为多少？

解 要使该反应完全程度达 99.9% 以上，即要求

$$\frac{[\mathrm{Red}_1]}{[\mathrm{Ox}_1]} \geqslant 10^3 \qquad \frac{[\mathrm{Ox}_2]}{[\mathrm{Red}_2]} \geqslant 10^3$$

$$\lg K = \lg \frac{[\mathrm{Red}_1][\mathrm{Ox}_2]}{[\mathrm{Ox}_1][\mathrm{Red}_2]} \geqslant 10^6$$

$$E_1^{\ominus'} - E_2^{\ominus'} = \frac{0.059}{n_1 n_2} \lg K \geqslant 0.059 \times 6 \approx 0.4 (\mathrm{V})$$

一般地说，氧化还原反应要定量地进行，则该反应达到平衡时，其 $\lg K \geqslant 6$，$E_1^{\ominus'} - E_2^{\ominus'} \geqslant 0.4\mathrm{V}$，这样的氧化还原反应才能应用于滴定分析。但要注意，两电对的电极电位相差很大，仅仅说明该氧化还原反应有进行完全的可能，但不一定能定量反应，也不一定能迅速完成。

氧化还原反应达到化学计量点时的电位，同样可以根据溶液中各有关组分的浓度关系，按照能斯特公式求得。设下列氧化还原反应为

$$n_2 \mathrm{Ox}_1 + n_1 \mathrm{Red}_2 \Longleftrightarrow n_2 \mathrm{Red}_1 + n_1 \mathrm{Ox}_2$$

反应达到化学计量点时，两电对的电位相等，即化学计量点时的电位 $E = E_{\mathrm{Ox}_1/\mathrm{Red}_1} = E_{\mathrm{Ox}_2/\mathrm{Red}_2}$ 则

$$E = E_{\mathrm{Ox}_1/\mathrm{Red}_1} = E_{\mathrm{Ox}_1/\mathrm{Red}_1}^{\ominus'} + \frac{0.059}{n_1} \lg \frac{c_{\mathrm{Ox}_1}}{c_{\mathrm{Red}_1}}$$

$$E = E_{\mathrm{Ox}_2/\mathrm{Red}_2} = E_{\mathrm{Ox}_2/\mathrm{Red}_2}^{\ominus'} + \frac{0.059}{n_2} \lg \frac{c_{\mathrm{Ox}_2}}{c_{\mathrm{Red}_2}}$$

或

$$n_1 E = E_{\mathrm{Ox}_1/\mathrm{Red}_1}^{\ominus'} + 0.059 \lg \frac{c_{\mathrm{Ox}_1}}{c_{\mathrm{Red}_1}}$$

$$n_2 E = E_{\mathrm{Ox}_2/\mathrm{Red}_2}^{\ominus'} + 0.059 \lg \frac{c_{\mathrm{Ox}_2}}{c_{\mathrm{Red}_2}}$$

将上面两式相加得

$$(n_1 + n_2) E = E_{\mathrm{Ox}_1/\mathrm{Red}_1}^{\ominus'} + E_{\mathrm{Ox}_2/\mathrm{Red}_2}^{\ominus'} + 0.059 \lg \frac{c_{\mathrm{Ox}_1} c_{\mathrm{Ox}_2}}{c_{\mathrm{Red}_1} c_{\mathrm{Red}_2}}$$

从反应式可以看出，到达化学计量点时：

$$\frac{c_{Ox_2}}{c_{Red_1}} = \frac{n_1}{n_2} \quad \frac{c_{Ox_1}}{c_{Red_2}} = \frac{n_2}{n_1}$$

故 $\lg \dfrac{c_{Ox_1} c_{Ox_2}}{c_{Red_1} c_{Red_2}} = 0$，代入式 $(n_1 + n_2)E = E^{\ominus'}_{Ox_1/Red_1} + E^{\ominus'}_{Ox_2/Red_2} + 0.059\lg \dfrac{c_{Ox_1} c_{Ox_2}}{c_{Red_1} c_{Red_2}}$ 中得

$$E = \frac{n_1 E^{\ominus'}_{Ox_1/Red_1} + n_2 E^{\ominus'}_{Ox_2/Red_2}}{n_1 + n_2}$$

由此可知，氧化还原反应达到化学计量点时的电位，是由两个电对的条件电极电位决定的。选择氧化还原指示剂有时需以化学计量点时 E 的数值作依据。

（三）影响氧化还原反应速率的因素

氧化还原反应的平衡常数，只能说明该反应的可能性和反应完全的程度，而不能表明反应速率的快慢。不同的氧化还原反应，其反应速率可以有很大差别。这是因为氧化还原反应过程比较复杂，许多反应不是一步完成的，整个反应的速率是由最慢的一步决定的。因此不能笼统地按总的氧化还原反应式判断反应速率。很多因素会影响氧化还原反应的速率。在滴定分析中，要求氧化还原反应必须定量、迅速地进行，所以对于氧化还原反应除了从平衡观点来了解反应的可能性外，还应考虑反应的速率。下面具体讨论影响氧化还原反应速率的因素。

1. 浓度对反应速率的影响

在一般情况下，增加反应物质的浓度可以加快反应速率。例如，在酸性溶液中重铬酸钾和碘化钾反应：

$$Cr_2O_7^{2-} + 6I^- + 14H^+ \rightleftharpoons 2Cr^{3+} + 3I_2 + 7H_2O$$

若适当增大 I^- 和 H^+ 的浓度，可加快反应速率。实验结果表明，加 KI 过量约 5 倍，在 $0.4mol/L[H^+]$ 条件下，反应速率会加快，放置 5min 反应就可以进行完全。但酸度不能太大，否则将促使空气中的氧对 I^- 的氧化速率也加快，造成分析误差。

2. 温度对反应速率的影响

温度对反应速率的影响也是很复杂的。温度的升高对于大多数反应来说，可以加快反应速率。通常温度每升高 10℃，反应速率增加 2～4 倍。例如，高锰酸钾与草酸的反应：

$$2MnO_4^- + 5C_2O_4^{2-} + 16H^+ \rightleftharpoons 2Mn^{2+} + 10CO_2 + 8H_2O$$

在常温下反应速率很慢，若温度控制在 75～85℃时，反应速率显著提高。但是，提高温度并不是对所有氧化还原反应都是有利的。上面介绍的 $K_2Cr_2O_7$ 和 KI 的反应，若用加热方法来加快反应速率，则生成的 I_2 反而会挥发而引起损失。又如，草酸溶液加热温度过高或时间过长，草酸将分解而引起误差。有些还原性物质如 Fe^{2+}、Sn^{2+} 等会因加热而更容易被空气中的氧所氧化，也造成分析结果的误差。

3. 催化剂对反应速率的影响

使用催化剂是加快反应速率的有效方法之一。例如，在酸性溶液中 $KMnO_4$ 与 $H_2C_2O_4$ 的反应，即使将溶液的温度升高，在滴定的最初阶段，$KMnO_4$ 退色仍很慢，若加

入少许 Mn^{2+}，反应就能很快进行。

对于 $KMnO_4$ 与 $H_2C_2O_4$ 的反应，实际应用中可不外加催化剂 Mn^{2+}。因为在酸性介质中 MnO_4^- 与 $C_2O_4^{2-}$ 反应的生成物之一就是 Mn^{2+}。利用生成物本身作催化剂的反应称为自动催化反应。自动催化作用有一个特点，即开始时反应速率较慢，随着反应的进行，反应生成物（催化剂）浓度逐渐增大，反应速率也越来越快，随后，由于反应物浓度越来越低，反应速率又逐渐降低。

4. 诱导反应

有些氧化还原反应在通常情况下并不发生或进行极慢，但在另一反应进行时会促进这一反应的发生。这种由于一个氧化还原反应的发生促进另一氧化还原反应进行，称为诱导反应。例如，在酸性溶液中，$KMnO_4$ 氧化 Cl^- 的反应速率极慢，当溶液中同时存在 Fe^{2+} 时，$KMnO_4$ 氧化 Fe^{2+} 的反应将加速 $KMnO_4$ 氧化 Cl^- 的反应。这里，Fe^{2+} 称为诱导体，MnO_4^- 称为作用体，Cl^- 称为受诱体。

诱导反应与催化反应不同，催化反应中，催化剂参加反应后恢复到原来的状态；而诱导反应中，诱导体参加反应后变成其他物质，受诱体也参加反应，以致增加了作用体的消耗量。因此用 $KMnO_4$ 滴定 Fe^{2+}，当有 Cl^- 存在时，将使 $KMnO_4$ 溶液消耗量增加，而使测定结果产生误差。如需在 HCl 介质中用 $KMnO_4$ 法测 Fe^{2+}，应在溶液中加入 $MnSO_4$-H_3PO_4-H_2SO_4 混合溶液，可防止 Cl^- 对 $KMnO_4$ 的还原作用，以取得正确的滴定结果。

三、氧化还原滴定

（一）氧化还原滴定曲线

在氧化还原滴定过程中，随着标准溶液的加入，溶液中氧化还原电对的电极电位数值不断发生变化。当滴定到达化学计量点附近时，再滴入极少量的标准溶液就会引起电极电位的急剧变化。若用曲线形式表示标准溶液用量和电位变化的关系，即得到氧化还原滴定曲线。氧化还原滴定曲线可以通过实验测出数据而描出，对于有些反应也可以用能斯特公式计算出各滴定点的电位值。

现以在 1mol/L H_2SO_4 溶液中，用 0.1000mol/L $Ce(SO_4)_2$ 标准溶液滴定 20.00mL 0.1000mol/L $FeSO_4$ 为例，讨论滴定过程中标准溶液用量和电极电位之间量的变化情况。

滴定反应式：　　　　　$Ce^{4+} + Fe^{2+} \xrightarrow{\text{1mol/L } H_2SO_4} Ce^{3+} + Fe^{3+}$

两个电对的条件电极电位：

$$Fe^{3+} + e^- \rightleftharpoons Fe^{2+} \quad E^{\ominus'}_{Fe^{3+}/Fe^{2+}} = 0.68V$$

$$Ce^{4+} + e^- \rightleftharpoons Ce^{3+} \quad E^{\ominus'}_{Ce^{4+}/Ce^{3+}} = 1.44V$$

1. 滴定开始至化学计量点前

在化学计量点前，溶液中存在着过量的 Fe^{2+}，滴定过程中电极电位可根据 Fe^{3+}/Fe^{2+} 电对计算：

$$E_{Fe^{3+}/Fe^{2+}} = E^{\ominus'}_{Fe^{3+}/Fe^{2+}} + 0.059 \lg \frac{c_{Fe(III)}}{c_{Fe(II)}}$$

此时 $E_{Fe^{3+}/Fe^{2+}}$ 值随溶液中 $c_{Fe(Ⅲ)}$ 和 $c_{Fe(Ⅱ)}$ 的改变而变化。例如，当加入 $Ce(SO_4)_2$ 标准溶液 99.9%，Fe^{2+} 剩余 0.1% 时，溶液电位是：

$$E_{Fe^{3+}/Fe^{2+}} = 0.68V + 0.059\lg\frac{99.9}{0.1}V = 0.86V$$

在化学计量点前各滴定点的电位值可按同法计算。

2. 化学计量点时

根据式 $E = \dfrac{n_1 E^{\ominus}_{Ox_1/Red_1} + n_2 E^{\ominus}_{Ox_2/Red_2}}{n_1 + n_2}$ 求得：

$$E = \frac{n_1 E^{\ominus}_{Ce^{4+}/Ce^{3+}} + n_2 E^{\ominus'}_{Fe^{3+}/Fe^{2+}}}{n_1 + n_2} = \frac{1.44V + 0.68V}{2} = 1.06V$$

3. 化学计量点后

化学计量点后，加入了过量的 Ce^{4+}，故可利用 $c_{Ce(Ⅳ)}/c_{Ce(Ⅲ)}$ 来计算电位：

$$E_{Ce^{4+}/Ce^{3+}} = E^{\ominus'}_{Ce^{4+}/Ce^{3+}} + 0.059\lg\frac{c_{Ce(Ⅳ)}}{c_{Ce(Ⅲ)}}$$

例如，当 Ce^{4+} 过量 0.1% 时，溶液电位是：

$$E_{Ce^{4+}/Ce^{3+}} = E^{\ominus'}_{Ce^{4+}/Ce^{3+}} + 0.059\lg\frac{0.1}{100} = 1.26(V)$$

化学计量点过后各滴定点的电位值，可按同法计算。

将滴定过程中，不同滴定点的电位计算结果列于表 2-27，由此绘制的滴定曲线如图 2-14 所示。从图 2-14 可见，当 Ce^{4+} 标准溶液滴入 50% 时的电位等于还原剂电对的条件电极电位；当 Ce^{4+} 标准溶液滴入 200% 时的电位等于氧化剂电对的条件电极电位；滴定由 99.9%～100.1% 时电极电位变化范围为 1.26V−0.86V=0.4V，即滴定曲线的电位突跃是 0.4V，这为判断氧化还原反应滴定的可能性和选择指示剂提供了依据。由于 Ce^{4+} 滴定 Fe^{2+} 的反应中，两电对电子转移数都是 1，化学计量点的电位(1.06V)正好处于滴定突跃中间(0.86～1.26V)，整个滴定曲线基本对称。氧化还原滴定曲线突跃的长短和氧化剂还原剂两电对的条件电极电位的差值大小有关。两电对的条件电极电位相差较大，滴定突跃就较长，反之，其滴定突跃就较短。

表 2-27　在 1mol/L H_2SO_4 溶液中，用 0.1000mol/L $Ce(SO_4)_2$ 滴定 20.00mL 0.1000mol/L Fe^{2+} 溶液

加入 Ce^{4+} 溶液		电位/V
V/mL	a/%	
1.00	5.0	0.60
2.00	10.0	0.62
4.00	20.0	0.64
8.00	40.0	0.67
10.00	50.0	0.68
12.00	60.0	0.69
18.00	90.0	0.74

续表

加入 Ce^{4+} 溶液		电位/V
V/mL	$\alpha/\%$	
19.80	99.0	0.80
19.98	99.9	0.86
20.00	100.0	1.06
20.02	100.1	1.26
22.00	110.0	1.38
30.00	150.0	1.42
40.00	200.0	1.44

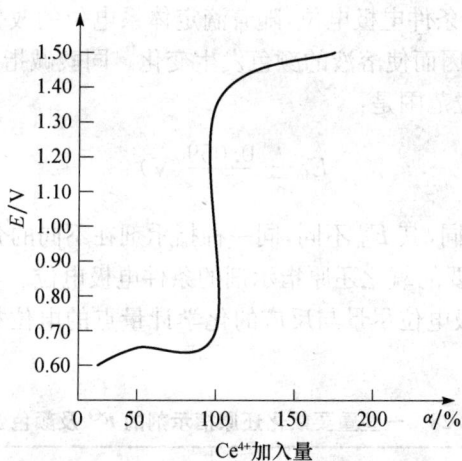

（其中 19.98、20.00、20.02 对应的 0.86、1.06、1.26 为滴定突跃）

图 2-14　0.1000mol/L Ce^{4+} 滴定 0.1000mol/L Fe^{2+} 的滴定曲线（1mol/L H_2SO_4）

（二）氧化还原滴定终点的确定

在氧化还原滴定中，除了用电位法确定其终点外，通常是用指示剂来指示滴定终点。氧化还原滴定中常用的指示剂有以下三类。

1. 自身指示剂

在氧化还原滴定过程中，有些标准溶液或被测的物质本身有颜色，则滴定时就无须另加指示剂，它本身的颜色变化起着指示剂的作用，这称为自身指示剂。例如，以 $KMnO_4$ 标准溶液滴定 $FeSO_4$ 溶液：

$$MnO_4^- + 5Fe^{2+} + 8H^+ \rightleftharpoons Mn^{2+} + 5Fe^{3+} + 4H_2O$$

由于 $KMnO_4$ 本身具有紫红色，而 Mn^{2+} 几乎无色，所以，当滴定到化学计量点时，稍微过量的 $KMnO_4$ 就使被测溶液出现粉红色，表示滴定终点已到。实验证明，$KMnO_4$ 的浓度约为 2×10^{-6} mol/L 时，就可以观察到溶液的粉红色。

2. 淀粉指示剂

可溶性淀粉与游离碘生成深蓝色配合物的反应是专属反应。当 I_2 被还原为 I^- 时，蓝色消失；当 I^- 被氧化为 I_2 时，蓝色出现。当 I_2 的浓度为 2×10^{-6} mol/L 时即能看到蓝色，反应极灵敏。因而淀粉是碘法的专属指示剂。

3. 氧化还原指示剂

这类指示剂是本身具有氧化还原性质的有机化合物。在氧化还原滴定过程中能发生氧化还原反应，而它的氧化态和还原态具有不同的颜色，因而可指示氧化还原滴定终点。现以 Ox 和 Red 分别表示指示剂的氧化态和还原态，则其氧化还原半反应为

$$Ox + ne^- \rightleftharpoons Red$$

根据能斯特公式得

$$E_{In} = E_{In}^{\ominus'} + \frac{0.059}{n}\lg\frac{c_{Ox}}{c_{Red}}$$

式中 $E_{In}^{\ominus'}$ 为指示剂的条件电极电位，随着滴定体系电位的改变，指示剂氧化态和还原态的浓度比也发生变化，因而使溶液的颜色发生变化。同酸碱指示剂的变色情况相似，氧化还原指示剂变色的电位范围是：

$$E_{In}^{\ominus'} \pm \frac{0.059}{n}(V)$$

必须注意，指示剂不同，其 $E_{In}^{\ominus'}$ 不同，同一种指示剂在不同的介质中，其 $E_{In}^{\ominus'}$ 也不同。

表 2-28 列出一些重要的氧化还原指示剂的条件电极电位。在选择指示剂时，应使氧化还原指示剂的条件电极电位尽量与反应的化学计量点的电位相一致，以减小滴定终点的误差。

表 2-28 一些重要氧化还原指示剂的 $E^{\ominus}$ 及颜色变化

指示剂	$E_{In}^{\ominus}/V$ $[H^+]=1mol/L$	颜色变化	
		氧化态	还原态
次甲基蓝	0.36	蓝	无色
二苯胺	0.76	紫	无色
二苯胺磺酸钠	0.84	紫红	无色
邻苯氨基苯甲酸	0.89	紫红	无色
邻二氮菲-亚铁	1.06	浅蓝	红
硝基邻二氮菲-亚铁	1.25	浅蓝	紫红

若用 $K_2Cr_2O_7$ 溶液滴定 Fe^{2+}，以二苯胺磺酸钠为指示剂，则滴定到化学计量点时，稍微过量的 $K_2Cr_2O_7$ 溶液就使二苯胺磺酸钠由无色的还原态氧化为紫红色的氧化态，以指示终点的到达。

四、常用的氧化还原测定方法

常用的氧化还原测定方法主要有高锰酸钾法、重铬酸钾法、碘法等。现分别介绍如下。

(一)高锰酸钾法

1. 概述

本法以 $KMnO_4$ 作滴定剂，$KMnO_4$ 是一种强氧化剂，它的氧化能力和还原产物都与

溶液的酸度有关。在强酸性溶液中,$KMnO_4$ 被还原为 Mn^{2+}:

$$MnO_4^- + 8H^+ + 5e^- \rightleftharpoons Mn^{2+} + 4H_2O \quad E^\ominus = 1.5V$$

在弱酸性、中性或弱碱性溶液中,$KMnO_4$ 被还原为 MnO_2:

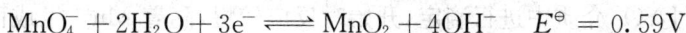

$$MnO_4^- + 2H_2O + 3e^- \rightleftharpoons MnO_2 + 4OH^- \quad E^\ominus = 0.59V$$

在强碱性溶液中,MnO_4^- 被还原成 MnO_4^{2-}:

$$MnO_4^- + e^- \rightleftharpoons MnO_4^{2-} \quad E^\ominus = 0.56V$$

由于 $KMnO_4$ 在强酸性溶液中有更强的氧化能力,同时生成无色的 Mn^{2+},便于滴定终点的观察,因此一般都在强酸性条件下使用。但是,在碱性条件下 $KMnO_4$ 氧化有机物的反应速率比在酸性条件下更快,所以用高锰酸钾法测定有机物时,大都在碱性溶液中进行。

应用高锰酸钾法,可直接滴定许多还原性物质,如 Fe^{2+}、As^{3+}、Sb^{3+}、W^{5+}、H_2O_2、$C_2O_4^{2-}$、NO_2^- 等,也可以通过 MnO_4^{2-} 与 $C_2O_4^{2-}$ 的反应间接测定一些非氧化还原物质,如 Ca^{2+}、Th^{4+} 等。

此外,对于某些具有氧化性的物质,例如 MnO_2 的含量也可以间接测定。

高锰酸钾法的优点是氧化能力强,可直接或间接地测定许多无机物和有机物,在滴定时自身可作指示剂。但是 $KMnO_4$ 标准溶液不够稳定,滴定的选择性差。

2. $KMnO_4$ 标准溶液的配制和标定

(1) 配制。因为高锰酸钾试剂中常含有少量的 MnO_2 和其他杂质,$KMnO_4$ 与还原性物质会发生缓慢的反应,生成 $MnO(OH)_2$ 沉淀,MnO_2 和 $MnO(OH)_2$ 又能进一步促进 $KMnO_4$ 分解。所以 $KMnO_4$ 标准溶液不能直接配制,通常先配制成近似浓度的溶液后再进行标定。配制时,首先要称取稍多于理论用量的 $KMnO_4$,溶于一定体积的蒸馏水中,加热至沸并保持微沸约 1h(蒸馏水中也含有微量还原性物质),放置 2~3d,使溶液中存在的还原性物质完全氧化。将过滤后的 $KMnO_4$ 溶液储于棕色试剂瓶中。

(2) 标定。标定 $KMnO_4$ 溶液的基准物质有 $Na_2C_2O_4$、$H_2C_2O_4 \cdot 2H_2O$、$(NH_4)_2Fe(SO_4)_2 \cdot 6H_2O$、$As_2O_3$ 和纯铁丝等。其中最常用的是 $Na_2C_2O_4$,它易于提纯,性质稳定,不含结晶水。$Na_2C_2O_4$ 在 $105 \sim 110℃$ 烘干约 2h,冷却后就可以使用。在 H_2SO_4 溶液中,MnO_4^- 与 $C_2O_4^-$ 的反应为

$$2MnO_4^- + 5C_2O_4^- + 16H^+ == 2Mn^{2+} + 10CO_2\uparrow + 8H_2O$$

为了使反应定量进行,必须在酸度约为 $0.5 \sim 1mol/L$,加热溶液温度至 $75 \sim 85℃$ 下进行滴定。滴定开始时速度不宜太快,否则滴入的 $KMnO_4$ 来不及和 $C_2O_4^-$ 反应,却在热的酸溶液中分解:

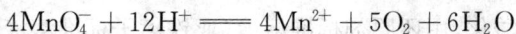

$$4MnO_4^- + 12H^+ == 4Mn^{2+} + 5O_2 + 6H_2O$$

影响标定结果的准确度。

标定后的 $KMnO_4$ 溶液储放时应注意避光避热,若发现有 $MnO(OH)_2$,沉淀析出,应过滤和重新标定。

3. 高锰酸钾法应用示例

(1) H_2O_2 的测定。过氧化氢在酸性溶液中能定量地还原 MnO_4^-，其反应式为

$$5H_2O_2 + 2MnO_4^- + 6H^+ == 2Mn^{2+} + 5O_2\uparrow + 8H_2O$$

应在室温下于 H_2SO_4 介质中进行滴定，开始时反应较慢，随着 Mn^{2+} 生成而加速反应，也可以先加入少量 Mn^{2+} 作催化剂。但是 H_2O_2 中若含有机物质也会消耗 $KMnO_4$，致使分析结果偏高。遇此情况应采用碘法或铈量法进行测定。

(2) 钙的测定。高锰酸钾法测定钙，是在一定条件下使 Ca^{2+} 与 $C_2O_4^{2-}$ 完全反应生成草酸钙沉淀，经过滤洗涤后，将 CaC_2O_4 沉淀溶于热的稀 H_2SO_4 溶液中，最后用 $KMnO_4$ 标准溶液滴定 $H_2C_2O_4$，根据所消耗 $KMnO_4$ 的量间接求得钙的含量。反应式为

$$Ca^{2+} + C_2O_4^{2-} == CaC_2O_4\downarrow$$
$$CaC_2O_4 + 2H^+ == Ca^{2+} + H_2C_2O_4$$
$$5H_2C_2O_4 + 2MnO_4^- + 6H^+ == 2Mn^{2+} + 10CO_2 + 8H_2O$$

为了保证 Ca^{2+} 与 $C_2O_4^{2-}$ 之间能定量反应完全，并获得颗粒较大的 CaC_2O_4 沉淀，便于过滤洗涤，可先用 HCl 酸化含 Ca^{2+} 试液，再加入过量 $(NH_4)_2C_2O_4$，然后用稀氨水中和试液酸度在 pH 为 3.5～4.5(甲基橙指示剂显黄色)，以使沉淀缓慢生成。沉淀经过陈化后过滤洗涤，洗去沉淀表面吸附的 $C_2O_4^-$，直至洗涤液中不含 $C_2O_4^{2-}$ 为止。然后用稀 H_2SO_4 溶解 CaC_2O_4 沉淀，加热 75～85℃，用 $KMnO_4$ 标准溶液进行滴定。必须注意，高锰酸钾法测定钙，控制试液的酸度至关重要。如果是在中性或弱碱性试液中进行沉淀反应，就有部分 $Ca(OH)_2$ 或碱式草酸钙生成，造成测定结果偏低。

Ba^{2+}、Zn^{2+}、Cd^{2+}、Th^{4+} 等能与 $C_2O_4^{2-}$ 定量地生成草酸盐沉淀，因此，都可应用高锰酸钾法间接测定。

(3) MnO_2 的测定。软锰矿的氧化能力一般用 MnO_2 的含量来表示。通常测定软锰矿中 MnO_2 含量的方法是用已知浓度并过量的还原剂 $Na_2C_2O_4$ 与 MnO_2 作用，然后以氧化剂的标准溶液回滴过量的还原剂，其反应为

$$MnO_2 + C_2O_4^- + 4H^+ == Mn^{2+} + 2CO_2 + 2H_2O$$
$$5C_2O_4^- + 2MnO_4^- + 16H^+ == 2Mn^{2+} + 10CO_2 + 8H_2O$$

MnO_2 与 $Na_2C_2O_4$ 的反应必须在热的酸性溶液中进行，但加热过度将促使 $Na_2C_2O_4$ 分解，影响分析结果的准确度。

(4) 有机物的测定。在强碱性溶液中，过量 $KMnO_4$ 能定量地氧化某些有机物。例如 $KMnO_4$ 与甲酸的反应为

$$HCOO^- + 2MnO_4^- + 3OH^- \longrightarrow CO_3^{2-} + 2MnO_4^{2-} + 2H_2O$$

待反应完成后，将溶液酸化，用还原剂标准溶液(亚铁离子标准溶液)滴定溶液中所有的高价的锰，使之还原为 $Mn(Ⅱ)$，计算出消耗的还原剂的物质的量。用同样方法，测出反应前一定量碱性 $KMnO_4$ 溶液相当于还原剂的物质的量，根据二者之差即可计算出甲酸的含量。

（二）重铬酸钾法

本法以 $K_2Cr_2O_7$ 作滴定剂，$K_2Cr_2O_7$ 是一种强氧化剂，它只能在酸性条件下应用，其半反应式为

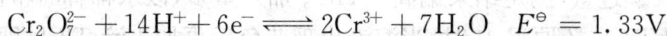

$$Cr_2O_7^{2-} + 14H^+ + 6e^- \Longrightarrow 2Cr^{3+} + 7H_2O \quad E^\ominus = 1.33V$$

虽然 $K_2Cr_2O_7$ 在酸性溶液中的氧化能力不如 $KMnO_4$ 强，应用范围不如 $KMnO_4$ 法广泛，但 $K_2Cr_2O_7$ 法与 $KMnO_4$ 法相比却具有许多优点：$K_2Cr_2O_7$ 易于提纯，干燥后可作为基准物质，因而可用直接法配制 $K_2Cr_2O_7$ 标准溶液；$K_2Cr_2O_7$ 溶液稳定，可长期保存在密闭容器中，其浓度不变；用 $K_2Cr_2O_7$ 滴定时，可在盐酸溶液中进行，不受 Cl^- 还原作用的影响。

采用重铬酸钾法滴定，需用氧化还原指示剂确定滴定终点。

重铬酸钾法应用示例：

（1）铁矿石中全铁量的测定。重铬酸钾法是测定铁矿石中全铁量的经典方法。试样（铁矿石）一般用热浓盐酸溶解，用 $SnCl_2$ 趁热把 Fe^{3+} 还原为 Fe^{2+}，冷却后用 $HgCl_2$ 氧化过量的 $SnCl_2$，用水稀释并加入 H_2SO_4-H_3PO_4 混合酸，以二苯胺磺酸钠为指示剂，用 $K_2Cr_2O_7$ 标准溶液滴定至溶液由浅绿色变为紫红色，即为滴定终点，其主要反应式为

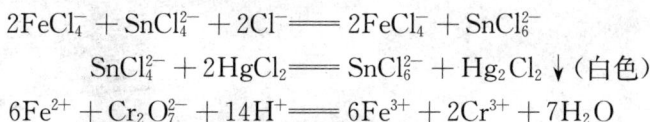

$$2FeCl_4^- + SnCl_4^{2-} + 2Cl^- \Longrightarrow 2FeCl_4^- + SnCl_6^{2-}$$

$$SnCl_4^{2-} + 2HgCl_2 \Longrightarrow SnCl_6^{2-} + Hg_2Cl_2 \downarrow（白色）$$

$$6Fe^{2+} + Cr_2O_7^{2-} + 14H^+ \Longrightarrow 6Fe^{3+} + 2Cr^{3+} + 7H_2O$$

在滴定前加入 H_3PO_4 的目的是生成无色的 $Fe(HPO_4)_2^-$ 除 Fe^{3+}（黄色）的影响，同时降低溶液中 Fe^{3+} 的浓度，从而降低 Fe^{3+}/Fe^{2+} 电极电位，增大化学计量点的电位突跃，使二苯胺磺酸钠指示剂变色的电位范围较好地落在滴定的电位突跃内，避免指示剂引起的终点误差。

$Cu(II)$、$Mo(VI)$、$As(V)$、$Sb(V)$ 等离子存在，既能被 $SnCl_2$ 原，又会被 $K_2Cr_2O_7$ 氧化，影响铁的测定。若试样中硅含量高时，宜用 HF-H_2SO_4 分解，以除去 Si 的干扰。如有 NO_3^- 存在，亦应加入 H_2SO_4 加热以消除 NO_3^- 的影响。

上述滴定方法简便、快速又准确，生产上广泛使用。但因预还原用的汞有毒，造成环境严重污染，近年来研究了无汞测铁的许多新方法。现以 $SnCl_2$-$TiCl_3$ 联合还原剂为例，介绍如下：

试样用 H_2SO_4-H_3PO_4 混酸溶解后，先用 $SnCl_2$ 还原大部分 Fe^{3+}，然后以 Na_2WO_4 为指示剂，用 $TiCl_3$ 定量还原剩余部分的 Fe^{3+}，当过量 1 滴 $TiCl_3$ 溶液，指示剂使溶液呈现蓝色，俗称"钨蓝"。在加水稀释后，以 Cu^{2+} 为催化剂，稍过量的 Ti^{3+} 被水中的溶解氧氧化。钨蓝也受氧化，蓝色退去。其后的滴定步骤与前面相同。无汞测铁常用的 $SnCl_2$-$TiCl_3$ 联合还原方法，反应式为

$$Fe_2O_3 + 6H^+ + 8Cl^- \Longrightarrow 2FeCl_4^- + 3H_2O$$

$$2Fe^{3+} + Sn^{2+} \Longrightarrow 2Fe^{2+} + Sn^{4+}$$

$$Fe^{3+} + Ti^{3+} + H_2O \Longrightarrow Fe^{2+} + TiO^{2+} + 2H^+$$

$$4Ti^{3+} + 2H_2O + O_2 \longrightarrow 4TiO^{2+} + 4H^+$$

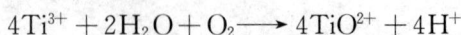

最后滴定反应式为

$$6Fe^{2+} + Cr_2O_7^{2-} + 14H^+ \Longrightarrow 6Fe^{3+} + 2Cr^{3+} + 7H_2O$$

必须注意,如 $SnCl_2$ 过量,测定结果偏高。$TiCl_3$ 加入量多,以水稀释时常出现四价钛盐沉淀影响测定。用 $TiCl_3$ 还原 Fe^{3+} 时,当溶液出现蓝色后再加 1 滴 $TiCl_3$ 即可,否则钨蓝退色太慢。加入催化剂 $CuSO_4$,必须等钨蓝退色 1min 后才能进行滴定,因为微过量的 Ti^{3+} 未除净,要多消耗 $K_2Cr_2O_7$ 标准溶液的用量,使测定结果偏高。同时要严格控制二苯胺磺酸钠指示剂的用量,它也会消耗 $K_2Cr_2O_7$ 标准溶液,影响测定结果。

（2）化学需氧量（COD）的测定。在一定条件下,用强氧化剂氧化废水试样（有机物）所消耗氧化剂的氧的质量,称为化学需氧量,它是衡量水体被还原性物质污染的主要指标之一,目前已成为环境监测分析的重要项目。

化学需氧量测定的方法是在酸性溶液中以硫酸银为催化剂,加入过量 $K_2Cr_2O_7$ 标准溶液,当加热煮沸时 $K_2Cr_2O_7$ 能完全氧化废水中有机物质和其他还原性物质。过量的 $K_2Cr_2O_7$ 以邻二氮杂菲-Fe（Ⅱ）为指示剂,用硫酸亚铁铵标准溶液回滴。从而计算出废水试样中还原性物质所消耗的 $K_2Cr_2O_7$ 量,即可换算出水试样的化学需氧量,O_2 的量以 mg/L 表示。

（三）碘法

1. 概述

以 I_2 作为氧化剂或以 I^- 作为还原剂进行测定的分析方法称为碘法。由于固体 I_2 在水中的溶解度很小（0.0013mol/L）且易挥发,所以将 I_2 溶解在 KI 溶液中,这时 I_2 是以 I_3^- 形式存在溶液中:

$$I_2 + I^- \Longrightarrow I_3^-$$

为方便和明确化学计量关系,一般仍简写为 I_2,其半反应式为

$$I_2 + 2e^- \Longrightarrow 2I^- \qquad E^{\ominus} = +0.545V$$

由电对的电极电位的数值可知,I_2 是较弱的氧化剂,可与较强的还原剂作用;而 I^- 则是中等强度的还原剂,能与许多氧化剂作用,因此,碘法测定可用直接和间接的两种方式进行。

（1）直接碘法。电极电位比 $E^{\ominus}_{I_2/I^-}$ 小的还原性物质,可以直接用 I_2 的标准溶液滴定,这种方法称为直接碘法。

例如,SO_2 用水吸收后,可用 I_2 标准溶液直接滴定,其反应式为

$$I_2 + SO_2 + 2H_2O \Longrightarrow 2I^- + SO_4^{2-} + 4H^+$$

又如,硫化物在酸性溶液中能被 I_2 所氧化,其反应式为

$$S^{2-} + I_2 \Longrightarrow S + 2I^-$$

利用直接碘法可以测定 SO_2、S^{2-}、Ar_2O_3、$S_2O_3^{2-}$、Sn（Ⅱ）、Sb（Ⅲ）、维生素 C 等强还原剂。

但是,直接碘法不能在碱性溶液中进行,当溶液的 pH＞8 时,部分 I_2 要发生歧化反应:

$$3I_2 + 6OH^- = IO_3^- + 5I^- + 3H_2O$$

会带来测定误差。在酸性溶液中也只有少数还原能力强而不受 H^+ 浓度影响的物质才能发生定量反应，又由于碘的标准电极电位不高，所以直接碘法不如间接碘法应用广泛。

（2）间接碘法。电极电位比 $E^\ominus_{I_2/I^-}$ 大的氧化性物质，在一定条件下用 I^- 还原，定量析出的 I_2 可用 $Na_2S_2O_3$ 标准溶液进行滴定，这种方法称为间接碘法。例如，铜的测定是将过量的 KI 与 Cu^{2+} 反应，定量析出 I_2，然后用 $Na_2S_2O_3$ 标准溶液滴定，其反应为

$$2Cu^{2+} + 4I^- = 2CuI\downarrow + I_2$$
$$I_2 + 2S_2O_3^{2-} = 2I^- + S_4O_6^{2-}$$

间接碘法可用于测定 Cu^{2+}、$KMnO_4$、K_2CrO_4、$K_2Cr_2O_7$、H_2O_2、AsO_4^{3-}、SbO_4^{3-}、ClO_4^-、NO_2^-、IO_3^-、BrO_3^- 等氧化性物质。

在间接碘法应用过程中必须注意如下三个反应条件：

① 控制溶液的酸度。I_2 和 $S_2O_3^{2-}$ 之间的反应必须在中性或弱酸性溶液中进行，如果在碱性溶液中，I_2 与 $S_2O_3^{2-}$ 会发生如下副反应：

$$S_2O_3^{2-} + 4I_2 + 100H^- = 2SO_4^- + 8I^- + 5H_2O$$

在碱性溶液中 I_2 还会发生歧化反应。若在强酸性溶液中，$Na_2S_2O_3$ 溶液会发生分解，其反应为：

$$S_2O_3^{2-} + 2H^+ = SO_2\uparrow + S\downarrow + H_2O$$

② 防止碘的挥发和空气中的 O_2 氧化 I^-。必须加入过量的 KI（一般比理论用量大 2～3 倍），增大碘的溶解度，降低 I_2 的挥发性。滴定一般在室温下进行，操作要迅速，不宜过分振荡溶液，以减少 I^- 与空气的接触。

酸度较高和阳光直射，都可促进空气中的 O_2 对 I^- 的氧化作用：

$$2I^- + O_2 + 4H^+ = I_2 + 2H_2O$$

因此，酸度不宜太高，同时要避免阳光直射，滴定时最好用带有磨口玻璃塞的碘量瓶。

③ 注意淀粉指示剂的使用。应用间接碘法时，一般要在滴定接近终点前才加入淀粉指示剂。若是加入太早，则大量的 I_2 与淀粉结合生成蓝色物质，这一部分 I_2 就不易与 $Na_2S_2O_3$ 溶液反应，将给滴定带来误差。

2. I_2 标准溶液和 $Na_2S_2O_3$ 标准溶液

（1）I_2 溶液的配制和标定。由于 I_2 挥发性强，准确称量有一定困难，所以一般是用市售的碘与过量 KI 共置于研钵中加少量水研磨，待溶解后再稀释到一定体积，配制成近似浓度的溶液，然后再进行标定。I_2 溶液应避免与橡皮接触，并防止日光照射、受热等。

I_2 标准溶液的准确浓度，可用已知准确浓度的 $Na_2S_2O_3$ 标准溶液比较滴定而求得，也可以用基准物质 As_2O_3（砒霜，有剧毒）来标定。由于 As_2O_3 难溶于水，易溶于碱性溶液中，生成亚砷酸盐：

$$As_2O_3 + 6OH^- = 2AsO_3^{3-} + 3H_2O$$

I_2 与 AsO_3^{3-} 的反应为

$$AsO_3^{3-} + I_2 + H_2O \Longrightarrow AsO_4^{3-} + 2I^- + 2H^+$$

上述反应在中性或微碱性溶液中能定量地向右进行,因此,通常是加入碳酸氢钠使亚砷酸盐溶液的 pH 8,然后用 I_2 溶液进行滴定。滴定反应为

$$2AsO_3^{3-} + I_2 + 4HCO_3^- \Longrightarrow 2AsO_4^{3-} + 2I^- + 4CO_2 + 2H_2O$$

(2) $Na_2S_2O_3$ 溶液的配制和标定。固体 $Na_2S_2O_3 \cdot 5H_2O$ 容易风化,并含有少量 S、S^-、SO_3^{2-}、CO_3^{2-} 和 Cl^- 等杂质,不能直接配制标准溶液,而且配好的 $Na_2S_2O_3$ 溶液也不稳定,易分解,其浓度发生变化的主要原因是:

① 溶于水中的 CO_2 使水呈弱酸性,而 $Na_2S_2O_3$ 在酸性溶液中会缓慢分解:

$$Na_2S_2O_3 + H_2CO_3 \Longrightarrow NaHCO_3 + NaHSO_3 + S\downarrow$$

这个分解作用一般在配制成溶液后的最初几天内发生。必须注意,当 1 分子 $Na_2S_2O_3$ 分解后,生成 1 分子 HSO_3^-,但 HSO_3^- 与 I_2 的反应为

$$HSO_3^- + I_2 + H_2O \Longrightarrow HSO_4^- + 2I^- + 2H^+$$

由此可知,1 分子的 $NaHSO_3$,要消耗 1 分子的 I_2,而 2 分子的 $Na_2S_2O_3$ 才能和 1 分子的 I_2 作用,这样就影响 I_2 与 $Na_2S_2O_3$ 反应时的化学计量关系,导致 $Na_2S_2O_3$ 对 I_2 的滴定度增加,造成误差。

② 水中的微生物会消耗 $Na_2S_2O_3$ 中的硫,使它变成 Na_2SO_3,这是 $Na_2S_2O_3$ 浓度变化的主要原因。

③ 空气中氧的氧化作用:

$$2Na_2S_2O_3 + O_2 \Longrightarrow 2Na_2SO_4 + 2S\downarrow$$

此反应速率较慢,但水中的微量 Cu^{2+} 或 Fe^{3+} 等杂质能加速反应。

因此,配制 $Na_2S_2O_3$ 溶液一般采用如下步骤:称取需要量的 $Na_2S_2O_3 \cdot 5H_2O$,溶于新煮沸且冷却的蒸馏水中,这样可除去 CO_2 和灭菌,加入少量 Na_2CO_3 使溶液保持微碱性,可抑制微生物的生长,防止 $Na_2S_2O_3$ 的分解。配制的 $Na_2S_2O_3$ 溶液应储于棕色瓶中,放置暗处,约 1 周后再进行标定。长时间保存的 $Na_2S_2O_3$ 标准溶液,应定期加以标定。若发现溶液变浑浊或有硫析出,要过滤后再标定其浓度,或弃去重配。

$Na_2S_2O_3$ 溶液的准确浓度,可用 $K_2Cr_2O_7$、KIO_3、$KBrO_3$ 等基准物质进行标定。$K_2Cr_2O_7$、KIO_3、$KBrO_3$ 分别与 $Na_2S_2O_3$ 之间的 $\Delta E^\ominus$ 虽然较大,但它们之间的反应无定量关系,应采用间接的方法标定,如称取一定量的 $K_2Cr_2O_7$ 在酸性溶液中与过量 KI 作用,析出相当量的 I_2,然后以淀粉为指示剂,用 $Na_2S_2O_3$ 溶液滴定析出的碘。其反应为

$$Cr_2O_7^{2-} + 6I^- + 14H^+ \Longrightarrow 2Cr^{3+} + 3I_2 + 7H_2O$$
$$2S_2O_3^{2-} + I_2 \Longrightarrow 2I^- + S_4O_6^{2-}$$

根据 $K_2Cr_2O_7$ 的质量及 $Na_2S_2O_3$ 溶液滴定时的用量,可以计算出 $Na_2S_2O_3$ 溶液的准确浓度。

用 $K_2Cr_2O_7$ 为基准物标定 $Na_2S_2O_3$ 溶液时应注意以下三点:

① $K_2Cr_2O_7$ 与 KI 反应时,溶液的酸度一般以 $0.2 \sim 0.4mol/L$ 为宜。如果酸度太

大，I^- 易被空气中的 O_2 氧化；酸度过低，则 $Cr_2O_7^{2-}$ 与 I^- 反应较慢。

② 由于 $K_2Cr_2O_7$ 与 KI 的反应速率慢，应将溶液放置暗处 $3\sim5min$，待反应完全后，再以 $Na_2S_2O_3$ 溶液滴定。

③ 用 $Na_2S_2O_3$ 溶液滴定前，应先用蒸馏水稀释。一是降低酸度可减少空气中 O_2 对 I^- 的氧化，二是使 Cr^{3+} 的绿色减弱，便于观察滴定终点。但若滴定至溶液从蓝色转变为无色后，又很快出现蓝色，这表明 $K_2Cr_2O_7$ 与 KI 的反应还不完全，应重新标定。如果滴定到终点后，经过几分钟，溶液才出现蓝色，这是由于空气中的 O_2 氧化 I^- 所引起的，不影响标定的结果。

3. 碘法应用示例

(1) 维生素 C(药片)的测定。维生素 C 又称为抗坏血酸，其分子式为 $C_6H_8O_6$，摩尔质量为 $176.12g/mol$。由于维生素 C 分子中的烯二醇基具有还原性，所以它能被 I_2 定量地氧化成二酮基。

维生素 C(药片)含量的测定方法：准确称取含维生素 C(药片)试样，溶解在新煮沸且冷却的蒸馏水中，以 HOAc 酸化，加入淀粉指示剂，迅速用 I_2 标准溶液滴定至终点(呈现稳定的蓝色)。

必须注意：维生素 C 的还原性很强，在空气中易被氧化，在碱性介质中更容易被氧化，所以在实验操作上不但要熟练，而且在酸化后应立即滴定。由于蒸馏水中含有溶解氧，必须事先煮沸，否则会使测定结果偏低。如果有能被 I_2 直接氧化的物质存在，则对本测定有干扰。

(2) 辉锑矿中锑的测定。辉锑矿的主要组成是 Sb_2S_3，测定辉锑矿中锑的含量时，先将矿样用 HCl+KCl 加热分解，加入酒石酸制成 $SbCl_3$ 溶液。然后在 $NaHCO_3$ 存在下，以淀粉为指示剂，用 I_2 标准溶液滴定。其反应为

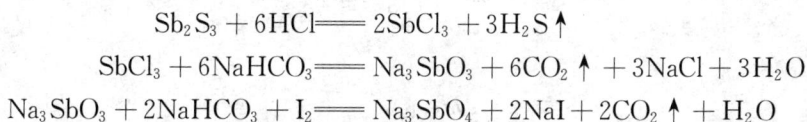

$$Sb_2S_3 + 6HCl \Longrightarrow 2SbCl_3 + 3H_2S\uparrow$$
$$SbCl_3 + 6NaHCO_3 \Longrightarrow Na_3SbO_3 + 6CO_2\uparrow + 3NaCl + 3H_2O$$
$$Na_3SbO_3 + 2NaHCO_3 + I_2 \Longrightarrow Na_3SbO_4 + 2NaI + 2CO_2\uparrow + H_2O$$

在溶解矿样过程中，加入适量 KCl 是为防止 $SbCl_3$ 因加热而挥发。固体酒石酸 $(H_2C_4H_4O_6)$ 的作用是使 $SbCl_3$ 生成不易水解的配合物 $H(SbO)C_4H_4O_6$，该配合物能与 I_2 标准溶液定量反应。若滴定至终点后，淀粉蓝色很快退去，可能是所加的 $NaHCO_3$ 量不足，或锑的化合物有少量成为沉淀，与过剩的 I_2 反应所致。遇此情况，实验应重做。

(3) 硫酸铜中铜的测定。在弱酸性的硫酸铜溶液中加入过量 KI，则 Cu^{2+} 与过量 KI 反应定量地析出 I_2，然后用 $Na_2S_2O_3$ 标准溶液滴定，其反应为

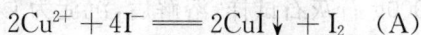
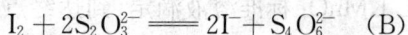

$$2Cu^{2+} + 4I^- \Longrightarrow 2CuI\downarrow + I_2 \quad (A)$$
$$I_2 + 2S_2O_3^{2-} \Longrightarrow 2I^- + S_4O_6^{2-} \quad (B)$$

根据 $E^{\ominus}_{Cu^{2+}/Cu^+} = 0.159V$，$E^{\ominus}_{I_2/I^-} = 0.545V$ 来看，$E^{\ominus}_{I_2/I^-} > E^{\ominus}_{Cu^{2+}/Cu^+}$，上述(A)式反应不能向右进行。但是，由于反应生成 CuI 沉淀的溶解度很小，使溶液中 Cu^+ 浓度很低，因而 $E_{Cu^{2+}/Cu^+} > E_{I_2/I^-}$，所在(A)式反应还是能够向右定量进行。由于 CuI 沉淀表面会吸附一些 I_2 而使测定结果偏低，为此滴定在接近终点时加入 KSCN，使 CuI 沉淀转化为溶解度

更小的 CuSCN：

$$CuI + SCN^- \Longrightarrow CuSCN + I^-$$

以减少 CuI 对 I_2 的吸附。

必须注意，Cu^{2+} 与 KI 的反应要求在 pH3～4 的弱酸性溶液中进行。酸度过低，Cu^{2+} 将发生水解；酸度太强，I^- 易被空气中的 O_2 氧化为 I_2，使测定结果偏高，所以常用 NH_4F+HF、HOAc-NaOAc 或 HOAc-NH_4OAc 等缓冲溶液控制酸度。本法测定铜，快速准确，广泛用于铜合金、矿石、电镀液、炉渣中铜的测定。

如果测定铜矿中的铜，试样需用 HNO_3 溶解，但其中所含的过量 HNO_3，以及转入溶液的高价态的铁、砷、锑等元素都能氧化 I^-，干扰 Cu^{2+} 的测定。为此，当试样溶解后，应加入浓 H_2SO_4 加热至冒白烟，以驱尽 HNO_3 和氮的氧化物，待中和过量的 H_2SO_4 后，仍以 NH_4F+HF 缓冲溶液控制试液的酸度。在 pH3～4 的溶液中 AsO_4^{3-}、SbO_4^{3-} 等不会氧化 I^-。

五、氧化还原滴定法计算示例

【例 2-18】　称取基准物质 $Na_2C_2O_4$ 0.1500g 溶解在强酸性溶液中，然后用 $KMnO_4$ 标准溶液滴定，到达终点时用去 20.00mL，计算 $KMnO_4$ 溶液的浓度。（已知 $Na_2C_2O_4$ 的摩尔质量为 134.00g/mol）

解　滴定反应是：

$$2MnO_4^- + 5C_2O_4^{2-} + 16H^+ \Longrightarrow 2Mn^{2+} + 10CO_2 + 8H_2O$$

由上述反应式可知

$$n_{KMnO_4} = \frac{2}{5} n_{Na_2C_2O_4}$$

求得

$$c_{KMnO_4} V_{KMnO_4} = \frac{2}{5} \times \frac{m_{Na_2C_2O_4}}{M_{Na_2C_2O_4}}$$

$$c_{KMnO_4} = \frac{2}{5} \times \frac{m_{Na_2C_2O_4}}{M_{Na_2C_2O_4} V_{KMnO_4}}$$

$$= \frac{2}{5} \times \frac{0.1500g}{134.00g/mol \times 20.00 \times 10^{-3}L}$$

$$= 0.02239mol/L$$

【例 2-19】　称取 0.5000g 石灰石试样，溶解后，沉淀为 CaC_2O_4，经过滤、洗涤溶于 H_2SO_4 中，用 0.02020mol/L $KMnO_4$ 标准溶液滴定，到达终点时消耗 35.00mL $KMnO_4$ 溶液，计算试样中 Ca 的质量分数。（已知钙的摩尔质量为 40.08g/mol）

解　沉淀反应是

$$Ca^{2+} + C_2O_4^{2-} \Longrightarrow CaC_2O_4 \downarrow$$

溶解，滴定反应分别是

$$CaC_2O_4 + 2H^+ \Longrightarrow Ca^{2+} + H_2C_2O_4$$

$$2MnO_4^- + 5C_2O_4^{2-} + 16H^+ \Longrightarrow 2Mn^{2+} + 10CO_2 + 8H_2O$$

由上述反应可知

$$n_{CaCO_3} \propto n_{Ca^{2+}} \propto n_{CaC_2O_4} \propto \frac{5}{2} n_{KMnO_4}$$

求得

$$n_{Ca^{2+}} = \frac{5}{2} n_{KMnO_4}$$

$$\omega_{Ca} = \frac{\frac{5}{2} \times c_{KMnO_4} V_{KMnO_4} M_{Ca}}{m} \times 100\%$$

$$= \frac{\frac{5}{2} \times 0.02020mol/L \times 35.00 \times 10^{-3}L \times 40.08g/mol}{0.5000g} \times 100\%$$

$$= 14.17\%$$

【例 2-20】　称取铁矿试样 $0.3029g$，溶解并将 Fe^{3+} 还原成 Fe^{2+}，以 $0.01643mol/L$ $K_2Cr_2O_7$ 标准溶液滴定至终点时共消耗 $35.14mL$，试计算试样中 Fe 的质量分数和 Fe_2O_3 的质量分数。(已知 Fe 的摩尔质量为 $55.85g/mol$、Fe_2O_3 的摩尔质量为 $159.7g/mol$)

解　该滴定反应是

$$6Fe^{2+} + Cr_2O_7^{2-} + 14H^+ \Longrightarrow 6Fe^{3+} + 2Cr^{3+} + 7H_2O$$

由上述反应可知

$$n_{Fe^{2+}} = 6n_{K_2Cr_2O_7}$$

求得

$$\omega_{Fe} = \frac{6 \times c_{K_2Cr_2O_7} V_{K_2Cr_2O_7} M_{Fe}}{m} \times 100\%$$

$$= \frac{6 \times 0.01643mol/L \times 35.14 \times 10^{-3}L \times 55.85g/mol}{0.3029g}$$

$$= 63.87\%$$

$$\omega_{Fe_2O_3} = \omega_{Fe} \frac{M_{Fe_2O_3}}{2M_{Fe}} = 63.87\% \times \frac{159.7g/mol}{2 \times 55.85g/mol} = 91.32\%$$

【例 2-21】　已知 $K_2Cr_2O_7$ 标准溶液的浓度为 $0.01667mol/L$。计算它对 Fe、Fe_2O_3、$FeSO_4 \cdot 7H_2O$ 的滴定度各为多少?

解　$K_2Cr_2O_7$ 和 Fe^{2+} 的滴定反应是:

$$6Fe^{2+} + Cr_2O_7^{2-} + 14H^+ \Longrightarrow 6Fe^{3+} + 2Cr^{3+} + 7H_2O$$

由上述反应可知:

$$nFe^{2+} \Longrightarrow 6nK_2Cr_2O_7$$

求得

$$T_{Fe/K_2Cr_2O_7} = 6 \times c_{K_2Cr_2O_7} \times M_{Fe}$$
$$= 6 \times 0.01667 \times 10^{-3} mol/L \times 55.85 g/mol$$
$$= 0.005586 g/mL$$

$$T_{Fe_2O_3/K_2Cr_2O_7} = 3 \times c_{K_2Cr_2O_7} \times M_{Fe_2O_3}$$
$$= 3 \times 0.016\ 67 \times 10^{-3} mol/L \times 159.7 g/mol$$
$$= 0.007987 g/mL$$

$$T_{FeSO_4 \cdot 7H_2O/K_2Cr_2O_7} = 6 \times c_{K_2Cr_2O_7} \times M_{FeSO_4 \cdot 7H_2O}$$
$$= 6 \times 0.01667 \times 10^3 mol/L \times 278.02 g/mol$$
$$= 0.02781 g/mL$$

【例 2-22】 称取铜合金试样 0.2000g，以间接碘法测定其铜含量。析出的碘用 0.1000mol/L $Na_2S_2O_3$ 标准溶液滴定，终点时共消耗 $Na_2S_2O_3$ 标准溶液 20.00mL，计算试样中铜的质量分数。（已知 Fe 的摩尔质量为 55.85g/mol、Fe_2O_3 的摩尔质量为 159.7g/mol）

解　滴定反应为

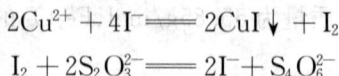

$$2Cu^{2+} + 4I^- \Longrightarrow 2CuI\downarrow + I_2$$
$$I_2 + 2S_2O_3^{2-} \Longrightarrow 2I^- + S_4O_6^{2-}$$

由上述反应式可知

$$n_{Cu^{2+}} \propto \frac{1}{2}n_{I_2} \propto n_{Na_2S_2O_3}$$

$$n_{Cu^{2+}} = n_{Na_2S_2O_3}$$

$$\omega_{Cu} = \frac{c_{Na_2S_2O_3} V_{Na_2S_2O_3} M_{Cu}}{m} \times 100\%$$

$$= \frac{0.1000 mol/L \times 20.00 \times 10^{-3} L \times 63.55 g/mol}{0.2000 g} \times 100\%$$

$$= 63.55\%$$

习　　题

1. 应用于氧化还原滴定的反应，应具备什么主要条件？

2. 何谓条件电极电位？它与标准电极电位的关系是什么？为什么要引入条件电极电位的概念？

3. 如何判断一个氧化还原反应能否进行完全？

4. 影响氧化还原反应速率的主要因素有哪些？可采取哪些措施加速反应的完成？

5. 氧化还原滴定过程中电极电位的突跃范围如何估计？化学计量点的位置与氧化剂和还原剂的电子转移数有什么关系？

6. 氧化还原滴定中,可用哪些方法检测终点? 氧化还原指示剂的变色原理和选择原则与酸碱指示剂有何异同?

7. 在氧化还原滴定之前,为什么要进行预处理? 预处理对所用的氧化剂或还原剂有哪些要求?

8. 常用的氧化还原滴定法有哪些? 各种方法的原理及特点是什么?

9. 在100mL 溶液中:

(1) 含有 $KMnO_4$ 1.158g;

(2) 含有 $K_2Cr_2O_7$ 0.490g。

问在酸性条件下作氧化剂时,$KMnO_4$ 或 $K_2Cr_2O_7$ 的浓度分别是多少(mol/L)?

答:0.07328mol/L;0.01667mol/L

10. 在钙盐溶液中,将钙沉淀为 $CaC_2O_4 \cdot H_2O$,经过滤、洗涤后,溶于稀 H_2SO_4 溶液中,用 0.004000mol/L $KMnO_4$ 溶液滴定生成的 $H_2C_2O_4$。计算 $KMnO_4$ 溶液对 CaO、$CaCO_3$ 的滴定度 $T_{Ca/KMnO_4}$、$T_{CaCO_3/KMnO_4}$ 各为多少?　　答:0.0005608g/mL;0.001001g/mL

11. 称取含有 MnO_2 的试样 1.000g,在酸性溶液中加入 $Na_2C_2O_4$ 0.4020g,其反应为

$$MnO_2 + C_2O_4^{2-} + 4H^+ =\!=\!= Mn^{2+} + 2CO_2 \uparrow + 2H_2O$$

过量的 $Na_2C_2O_4$ 用 0.02000mol/L $KMnO_4$ 标准溶液进行滴定,到达终点时消耗 20.00mL,计算试样中 MnO_2 的质量分数。　　　　　　　　　　　　答:17.39%

12. 称取铁矿石试样 0.2000g,用 0.008400mol/L $K_2Cr_2O_7$ 标准溶液滴定,到达终点时消耗 $K_2Cr_2O_7$ 溶液 26.78mL,计算 Fe_2O_3 的质量分数。　　　　答:53.88%

13. 称取 KIO_3 0.3567g 溶于水并稀释至 100mL,移取所得溶液 25.00mL,加入 H_2SO_4 和 KI 溶液,以淀粉为指示剂,用 $Na_2S_2O_3$ 溶液滴定析出的 I_2,至终点时消耗 $Na_2S_2O_3$ 溶液 24.98mL,求 $Na_2S_2O_3$ 溶液的浓度。　　　　　　　　　答:0.1001mol/L

14. 分析铜矿试样 0.6000g,滴定时用去 $Na_2S_2O_3$ 溶液 20.00mL。已知 1mL $Na_2S_2O_3$ 0.004175g $KBrO_3$。计算试样中铜的质量分数。　　　　　答:36.16%

主要参考文献

高职高专化学教材编写组，2000. 分析化学. 2 版. 北京：高等教育出版社.

张小康，2004. 工业分析. 北京：化学工业出版社.

高职高专化学教材编写组，2000. 分析化学实验. 2 版. 北京：高等教育出版社.

黄一石，乔子荣，2004. 定量化学分析. 北京：化学工业出版社.

武汉大学，2000. 分析化学. 3 版. 北京：高等教育出版社.

胡伟光，张文英，2004. 定量化学实验. 北京：化学工业出版社.

附　　录

一、常见元素的相对原子质量表

序数	名称	符号	相对原子质量	序数	名称	符号	相对原子质量	序数	名称	符号	相对原子质量
1	氢	H	1.008	37	铷	Rb	85.47	73	钽	Ta	180.9
2	氦	He	4.003	38	锶	Sr	87.62	74	钨	W	183.9
3	锂	Li	6.941	39	钇	Y	88.91	75	铼	Re	186.2
4	铍	Be	9.012	40	锆	Zr	91.22	76	锇	Os	190.2
5	硼	B	10.81	41	铌	Nb	92.91	77	铱	Ir	192.2
6	碳	C	12.01	42	钼	Mo	95.94	78	铂	Pt	195.1
7	氮	N	14.01	43	锝	Te	98.91	79	金	Au	197.0
8	氧	O	16.00	44	钌	Ru	101.1	80	汞	Hg	200.6
9	氟	F	19.00	45	铑	Rh	102.9	81	铊	Tl	204.4
10	氖	Ne	20.18	46	钯	Pd	106.4	82	铅	Pb	207.2
11	钠	Na	22.99	47	银	Ag	107.9	83	铋	Bi	209.0
12	镁	Mg	24.31	48	镉	Cd	112.4	84	钋	^{210}Po	210.0
13	铝	Al	26.98	49	铟	In	114.8	85	砹	^{210}At	210.0
14	硅	Si	28.09	50	锡	Sn	118.7	86	氡	^{222}Rn	222.0
15	磷	P	30.97	51	锑	Sb	121.8	87	钫	^{223}Fr	223.2
16	硫	S	32.07	52	碲	Te	127.6	88	镭	^{226}Ra	226.0
17	氯	Cl	35.45	53	碘	I	126.9	89	锕	^{227}Ac	227.0
18	氩	Ar	39.95	54	氙	Xe	131.3	90	钍	Th	232.0
19	钾	K	39.10	55	铯	Cs	132.9	91	镤	^{231}Pa	231.0
20	钙	Ca	40.08	56	钡	Ba	137.3	92	铀	U	238.0
21	钪	Sc	44.96	57	镧	La	138.9	93	镎	^{237}Np	237.0
22	钛	Ti	47.88	58	铈	Ce	140.1	94	钚	^{239}Pu	239.1
23	钒	V	50.94	59	镨	Pr	140.9	95	镅	^{243}Am	243.1
24	铬	Cr	52.00	60	钕	Nd	144.2	96	锔	^{247}Cm	247.1
25	锰	Mn	54.94	61	钷	Pm	144.9	97	锫	^{247}Bk	247.1
26	铁	Fe	55.85	62	钐	Sm	150.4	98	锎	^{252}Ct	252.1
27	钴	Co	58.93	63	铕	Eu	152.0	99	锿	^{252}Es	252.1
28	镍	Ni	58.69	64	钆	Gd	157.3	100	镄	^{257}Fm	257.1
29	铜	Cu	63.55	65	铽	Tb	158.9	101	钔	^{256}Md	256.1
30	锌	Zn	65.39	66	镝	Dy	162.5	102	锘	^{259}No	259.1
31	镓	Ga	69.72	67	钬	Ho	164.9	103	铹	^{260}Lr	260.1
32	锗	Ge	72.61	68	铒	Fr	167.3	104	—	^{261}Rf	261.1
33	砷	As	74.92	69	铥	Tm	168.9	105	—	^{262}Ha	262.1
34	硒	Se	78.96	70	镱	Yb	173.0	106	—	^{263}Nh	263.1
35	溴	Br	79.90	71	镥	Lu	175.0	107	—	^{262}Ns	262.1
36	氪	Kr	83.80	72	铪	Hf	178.5	108	—	^{266}Ue	266.1

二、常用洗涤剂的配制

洗涤剂名称	配制方法与用途
铬酸洗液	1）5g 重铬酸钾＋100mL 浓硫酸 2）5g 重铬酸钾＋5mL 水＋100mL 浓硫酸 3）80g 重铬酸钾＋1000mL 水＋100mL 浓硫酸 4）200g 重铬酸钾＋500mL 水＋500mL 浓硫酸 广泛用于玻璃仪器的洗涤
5％草酸溶液	用数滴硫酸酸化,可洗去高锰酸钾痕迹
45％尿素洗涤液	为蛋白质的良好溶剂,可洗涤蛋白质制及血样的容器
5％～10％EDTA-Na$_2$ 溶液	加热煮沸可洗玻璃仪器内壁的白色沉淀物
有机溶剂	丙酮、乙醇、乙醚等可脱油脂、脂溶性染料等痕迹;二甲苯可洗油漆的污垢
30％硝酸溶液	洗涤微量滴管及 CO$_2$ 测定仪器
乙醇与浓硝酸的混合液	滴定管中加 3mL 乙醇,然后沿管壁慢慢加入 4mL 浓硝酸盖住管口,利用所产生的氧化氮洗净滴定管
强碱性洗涤液	氢氧化钾的乙醇溶液和含高锰酸钾的氢氧化钠溶液,可清除容器内壁的污垢,但对玻璃仪器的腐蚀性较强,使用时时间不宜过长
浓盐酸	可除去容器上的水垢或无机盐沉淀

三、指示剂的配制

1. PP 酚酞指示剂的配制

称取 10g±0.01g PP 指示剂粉末,溶于 800mL±10mL 乙醇,移入 1000mL±0.4mL 容量瓶,再用纯净水稀释至刻度。

2. BPB 溴酚蓝指示剂的配制

称取 2g±0.01g BPB 指示剂粉末,溶于 800mL±10mL 乙醇,移入 1000mL±0.4mL 容量瓶,再用纯净水稀释至刻度。

3. 溴甲酚绿-甲基红指示剂的配制

将(1g/L)的溴甲酚绿乙醇溶液和(2g/L)的甲基红乙醇溶液按 3∶1 的体积比混合,摇匀。

4. 甲基红指示剂的配制

称取 2g±0.01g 甲基红指示剂粉末,溶于少量乙醇,移入 1000mL±0.4mL 容量瓶,再稀释至刻度。

5. 溴甲酚绿指示剂的配制

称取 1g±0.01g 溴甲酚绿指示剂粉末,溶于少量乙醇,移入 1000mL±0.4mL 容量瓶,再稀释至刻度。

6. 百里香酚酞指示剂的配制

称取 1g±0.01g 百里香酚酞指示剂粉末,溶于少量乙醇,移入 1000mL±0.4mL 容量瓶,再稀释至刻度。

7. 甲基橙指示剂的配制

称取 1g±0.01g 甲基橙指示剂粉末,溶于 100mL±1mL 热水溶解,移入 1000mL±

0.4mL 容量瓶，再用纯净水稀释至刻度。

8. 百里香酚蓝-酚酞混合指示液

取 3 份体积百里香酚蓝溶液(1g/L)和 2 份体积酚酞溶液(1g/L)混合均匀。

9. 甲基红-亚甲基蓝混合指示液

将 50mL 甲基红溶液(2g/L)和 50mL 亚甲基蓝溶液(1g/L)混合。

10. 酸性铬蓝 K-萘酚绿 B 混合指示剂

称取 0.1g 酸性铬蓝 K，0.1g 萘酚绿 B 和 20g 干燥氯化钾，置于研钵中，充分研磨混匀，储存于棕色广口瓶中。

11. 溴百里(香)酚蓝-苯酚红混合指示液

0.08g 溴百里酚蓝和 0.1g 苯酚红溶于 20mL 乙醇中，加水 50mL，用氢氧化钠溶液(4g/L)调至 pH 为 7.5(红紫色)，再以水稀释至 100mL。

12. 溴甲酚绿-甲基橙混合指示液

6 份体积溴甲酚绿溶液(1g/L)和 1 份体积甲基橙溶液(1g/L)混合。

13. 溴甲酚绿-甲基红混合指示液

3 份体积溴甲酚绿溶液(1g/L)与 1 份体积甲基红溶液(1g/L)混合，摇匀，储存于棕色瓶中。

14. 1,10-菲罗啉-硫酸亚铁铵混合指示液

称取 1.6g1,10-菲罗啉及 1g 硫酸亚铁铵(或 0.7g 硫酸亚铁)，溶于 100mL 水中，储存于棕色瓶中。

15. 甲基红指示液(1g/L)

称取 0.10g 甲基红，溶于乙醇，用乙醇稀释至 100mL。

16. 溴甲酚绿指示液(2g/L)

称取 0.20g 溴甲酚绿溶解于 6mL 氢氧化钠溶液(4g/L)和 5mL 乙醇中，用水稀释至 100mL。

17. 甲基橙指示液(1g/L)

称取 0.10g 甲基橙，溶于 70℃水中，冷却，用水稀释至 100mL。

18. 酚酞指示液(10g/L)

称取 1.0g 酚酞，溶于乙醇，用乙醇稀释至 100mL。

19. 溴(甲)酚蓝指示液(1g/L)

称取 0.10g 溴酚蓝，溶于乙醇，用乙醇稀释至 100mL。

20. 钙指示液(钙羧酸指示剂)

称取 0.20g 钙指示剂〔2-羟基-1-(2-羟基-4-磺酸-1-萘偶氮)-3-萘甲酸〕$(C_{21}H_{14}N_2O_7S)$或其钠盐与 10g 在 105℃干燥的氯化钠，置于研钵中研细混匀。储存于棕色磨口瓶中。

21. 铬黑 T 指示剂

将 1.0g 铬黑 T 与 100.0g 干燥的氯化钠，置于研钵中，研细混匀。储存于棕色磨口瓶中。

22. 铬黑 T 指示液(5g/L)

称取 0.50g 铬黑 T 和 4.5g 氯化羟胺，溶于乙醇中，用乙醇稀释至 100mL，储存于棕

色瓶中。可保持数月不变质。

23. 百里香酚蓝指示液(1g/L)

溶解 0.10g 百里香酚蓝于 2.2mL 氢氧化钠溶液(4g/L)和 5mL 乙醇中,稀释至 100mL。

24. 孔雀绿指示液(1g/L)

称取 0.10g 孔雀绿,溶于水,稀释至 100mL。

25. 二甲酚橙指示液(2g/L)

称取 0.20g 二甲酚橙,溶于水,稀释至 100mL。

26. 二苯偶氮碳酰肼指示液(5g/L)

将 0.50g 二苯偶氮碳酰肼($C_{13}H_{12}ON_4$)溶于乙醇,用乙醇稀释至 100mL。溶液储存于冰箱中。

27. 对硝基苯酚指示液(1g/L)

称取 0.10g 对硝基苯酚,溶于乙醇,用乙醇稀释至 100mL。

28. 苯酚红指示液(0.2g/L)

将 0.05g 苯酚红,2.85mL 氢氧化钠溶液(2g/L)和 5mL 乙醇一起温热,待溶解后,加入 50mL 乙醇,用水稀释至 250mL。

29. 达旦黄指示液(0.4g/L)

称取 0.04g 达旦黄,溶于乙醇中,用乙醇稀释至 100mL。

30. 硫酸铁铵指示液(80g/L)

溶解 8.0g 硫酸铁铵$[NH_4Fe(SO_4)_2 12H_2O]$在约 75mL 水中,过滤,加几滴硫酸,稀释至 100mL。

31. 淀粉指示液(10g/L)

(1) 1g 可溶性淀粉与 5mg 红色碘化汞混合,并用足够冷的水调成稀薄的糊状,在不断搅拌下,慢慢注入 100mL 沸水中,煮沸混合物,充分搅拌至稀薄透明的流动形式,冷却后使用。

(2) 将 1g 可溶性淀粉与 5mL 水制成糊状,搅拌下将糊状物加入 100mL 水中,煮沸几分钟后冷却,使用期限 2 周。溶液中加入几滴甲醛溶液,使用期限可延长数月。

四、弱电解质的解离常数(近似浓度 0.01～0.003mol/L,温度 298K)

名　称	化学式	解离常数,K	pK
醋酸	HAc	1.76×10^{-5}	4.75
碳酸	H_2CO_3	$K_1 = 4.30 \times 10^{-7}$	6.37
		$K_2 = 5.61 \times 10^{-11}$	10.25
草酸	$H_2C_2O_4$	$K_1 = 5.90 \times 10^{-2}$	1.23
		$K_2 = 6.40 \times 10^{-5}$	4.19
亚硝酸	HNO_2	4.6×10^{-4}(285.5K)	3.37

续表

名　称	化学式	解离常数，K	pK
磷酸	H_3PO_4	$K_1 = 7.52 \times 10^{-3}$	2.12
		$K_2 = 6.23 \times 10^{-8}$	7.21
		$K_3 = 2.2 \times 10^{-13}$ (291K)	12.67
亚硫酸	H_2SO_3	$K_1 = 1.54 \times 10^{-2}$ (291K)	1.81
		$K_2 = 1.02 \times 10^{-7}$	6.91
硫酸	H_2SO_4	$K_2 = 1.20 \times 10^{-2}$	1.92
硫化氢	H_2S	$K_1 = 9.1 \times 10^{-8}$ (291K)	7.04
		$K_2 = 1.1 \times 10^{-12}$	11.96
氢氰酸	HCN	4.93×10^{-10}	9.31
铬酸	H_2CrO_4	$K_1 = 1.8 \times 10^{-1}$	0.74
		$K_2 = 3.20 \times 10^{-7}$	6.49
硼酸	H_3BO_3	5.8×10^{-10}	9.24
氢氟酸	HF	3.53×10^{-4}	3.45
过氧化氢	H_2O_2	2.4×10^{-12}	11.62
次氯酸	HClO	2.95×10^{-5} (291K)	4.53
次溴酸	HBrO	2.06×10^{-9}	8.69
次碘酸	HIO	2.3×10^{-11}	10.64
碘酸	HIO_3	1.69×10^{-1}	0.77
砷酸	H_3AsO_4	$K_1 = 5.62 \times 10^{-3}$ (291K)	2.25
		$K_2 = 1.70 \times 10^{-7}$	6.77
		$K_3 = 3.95 \times 10^{-12}$	11.40
亚砷酸	$HAsO_2$	6×10^{-10}	9.22
铵离子	NH_4^+	5.56×10^{-10}	9.25
氨水	$NH_3 \cdot H_2O$	1.79×10^{-5}	4.75
联胺	N_2H_4	8.91×10^{-7}	6.05
羟氨	NH_2OH	9.12×10^{-9}	8.04
氢氧化铅	$Pb(OH)_2$	9.6×10^{-4}	3.02
氢氧化锂	LiOH	6.31×10^{-1}	0.2
氢氧化铍	$Be(OH)_2$	1.78×10^{-6}	5.75
	$BeOH^+$	2.51×10^{-9}	8.6
氢氧化铝	$Al(OH)_3$	5.01×10^{-9}	8.3
	$Al(OH)_2^+$	1.99×10^{-10}	9.7
氢氧化锌	$Zn(OH)_2$	7.94×10^{-7}	6.1
氢氧化镉	$Cd(OH)_2$	5.01×10^{-11}	10.3

续表

名　称	化学式	解离常数，K	pK
乙二胺	$H_2NC_2H_4NH_2$	$K_1=8.5\times10^{-5}$	4.07
		$K_2=7.1\times10^{-8}$	7.15
六亚甲基四胺	$(CH_2)_6N_4$	1.35×10^{-9}	8.87
* 尿素	$CO(NH_2)_2$	1.3×10^{-14}	13.89
质子化六亚甲基四胺	$(CH_2)_6N_4H^+$	7.1×10^{-6}	5.15
甲酸	$HCOOH$	$1.77\times10^{-4}(293K)$	3.75
氯乙酸	$ClCH_2COOH$	1.40×10^{-3}	2.85
氨基乙酸	NH_2CH_2COOH	1.67×10^{-10}	9.78
邻苯二甲酸	$C_6H_4(COOH)_2$	$K_1=1.12\times10^{-3}$	2.95
		$K_2=3.91\times10^{-6}$	5.41
柠檬酸	$(HOOCCH_2)_2C(OH)COOH$	$K_1=7.1\times10^{-4}$	3.14
		$K_2=1.68\times10^{-5}(293K)$	4.77
		$K_3=4.1\times10^{-7}$	6.39
α-酒石酸	$(CH(OH)COOH)_2$	$K_1=1.04\times10^{-3}$	2.98
		$K_2=4.55\times10^{-5}$	4.34
8-羟基喹啉	C_9H_6NOH	$K_1=8\times10^{-6}$	5.1
		$K_2=1\times10^{-9}$	9.0
苯酚	C_6H_5OH	$1.28\times10^{-10}(293K)$	9.89
对氨基苯磺酸	$H_2NC_6H_4SO_3H$	$K_1=2.6\times10^{-1}$	0.58
		$K_2=7.6\times10^{-4}$	3.12
乙二胺四乙酸（EDTA）	$(CH_2COOH)_2NH^+CH_2CH_2NH^+(CH_2COOH)_2$	$K_5=5.4\times10^{-7}$	6.27
		$K_6=1.12\times10^{-11}$	10.95